设计师手稿系列　温馨 著
Shinn Wen

SHIZHUANGHUA SHOUHUI BIAOXIANJIFA

时装画手绘表现技法

人体动态·材质表现·风格创意

U0279884

国家一级出版社　　中国纺织出版社　全国百佳图书出版单位

内 容 提 要

　　本书从人体动态、材质表现到风格创意，全面而系统地讲授了时装画的手绘表现技法。第一章从时装绘画的历史引入，介绍了时装插画与时装设计图的区别与共同点，讲述了时装画的工具、材料及其运用规律；第二章分析了不同风格的服装人体形象，常用的服装人体比例、动态及其着装技巧；第三章介绍服装人体头部、妆容、手部、脚部等重要人体细节的表现；第四章详尽讲解服装与服饰品不同材质面辅料的表现技法；第五章从构图、色调、技法和灵感几个方面进一步介绍时装画的风格创意。

　　本书内容具有较强的实用性，可作为高等院校服装设计专业学习用书，也可作为对时装插画有兴趣的读者的参考用书。

图书在版编目（CIP）数据

时装画手绘表现技法：人体动态·材质表现·风格
创意/温馨著.--北京：中国纺织出版社，2019.1
　（设计师手稿系列）
　ISBN 978-7-5180-5649-1

　Ⅰ．①时…　Ⅱ．①温…　Ⅲ．①时装—绘画技法　Ⅳ．-
①TS941.28

中国版本图书馆CIP数据核字（2018）第262644号

策划编辑：孙成成　　责任编辑：孙成成　谢婉津
责任校对：楼旭红　　责任印制：王艳丽

中国纺织出版社出版发行
地址：北京市朝阳区百子湾东里A407号楼　邮政编码：100124
销售电话：010－67004422　传真：010－87155801
http://www.c-textilep.com
E-mail：faxing@c-textilep.com
中国纺织出版社天猫旗舰店
官方微博http://weibo.com/2119887771
北京利丰雅高长城印刷有限公司印刷　各地新华书店经销
2019年1月第1版第1次印刷
开本：889×1194　1/16　印张：10.5
字数：200千字　定价：68.00元

C O N T E N T S

序

　　温馨就是这样的人，她娇小的身材，孩子般的面容，双眼仿佛总在眺望远方，清澈而忧郁，我与她相识15年，至今也没弄清她在望什么。

　　她在清华美院读书期间，平日少言寡语，静静的，冷冷的，我误以为她是孤独的。后来我做了她研究生导师，才知道她并不孤独，我对她的误解可能源于她对现实的淡漠，的确，从她的口中几乎听不到关于现实的是是非非，同样，也很难看出她是聪明的。

　　客观上讲，她并不属于那种聪明人，甚至有点混沌，于是，她也很难得到像那些聪明人通常所能得到的褒奖。当然，我并没有看出她对此感兴趣。也许正是因为混沌，无论她身处何地、面对何事，她都与往日一样，淡定自若，并透着优雅与大气。

　　她始终在思考，正如她一直在眺望，她的气质富有诗意。

　　清华美院7年、香港理工大学两年的学习、研究、实践和积淀，使她拥有了非凡的素养、视野和能力。而更大的智慧也许正潜藏在她的混沌之中。

　　2010年，她进入湖北美术学院服装设计系做老师，系主任李海兵教授十分欣赏她的人品和才华。于是，她在工作和艺术实践中得到了更多的理解和支持，重要的是，她的思想获得了更大的自由。

　　2012年秋季的某一天，我接到她的电话，她征求我意见想在时装画方面投入多些精力，希望在该领域有所发展。其实，时装画尤其是手绘时装画在20世纪90年代后期已日趋低迷，我想这一决定一定出自她的眺望或混沌，于是，我认同并建议她注意知识的全面摄取。

　　之后几年，她已在国内外时尚领域和时尚教育界崭露头角了，她的时装画受到诸如Valentino、Moschino、Lanvin、Roberto Cavalli、Zuhair Murad等国际一线品牌的青睐，与国内外多家著名时尚品牌、时尚媒体、时尚名媛和模特建立了服务或合作关系，并在Instagram上拥有数以万计的粉丝团队。显然，她已成为一位在全球时尚领域颇具影响力的时装画家。

　　她的时装画作品完全摒弃了传统时装画由形式到形式的现实再现的桎梏，进而转向由理念到形式超越现实艺术表现的自由，即：基于现实建立有价值的理念，实现由客观到主观的转化，使理念富含艺术家的理想以及对未来的希望，再以绘画的方式将其视觉化，完成合乎目的的形式。于是，作品不仅具有了超现实性和后现代性的特点，同时，因优雅这一经典的审美形式与当下审美取向的碰撞与融合，使作品富有了极为鲜明的当代性和时尚性以及丰富的艺术魅力和价值。

　　温馨的时装画作品不仅犹若清风并且意味深长。她始终在思考，正如她一直在眺望，双眼清澈而忧郁……

肖文陵

2018年元月1日，于纽约

注：肖文陵，清华大学美术学院染织与服装艺术设计系教授

C O N T E N T S

目　录

3

第三章　时装画中的人体细节

4

第四章　时装画中的材质表现

5 | 第五章　时装画风格创意

后　记

第一章｜时装画概述
C H A P T E R

时装画是设计师、画家运用绘画的表现形式，以流行时尚为表现内容，以服装、配饰、妆容风格为主要题材的一种艺术门类。时装画的风格和表现手法多样，用途广泛，既可用于设计表达，又可用于流行讯息的传递和商业宣传，有一些时装画甚至超越了其创作目的，成为艺术创作作品。

第一节　什么是时装插画

在时尚摄影诞生和流行之前，历史中的时装画家们身担传播时尚风潮和服饰风格的重任，他们用绘画的语言生动而直接地将时装屋的最新产品讯息传递给消费者们（图1-1）。他们的绘画技法娴熟，如实地描绘着最流行的服装款式、精美的面料以及精湛的工艺（图1-2）。

图1-1　1926年时装画作品（作者：佚名）　　　　图1-2　1921年 *Pour Chez Soi* 杂志时装画作品

图1-3　1922年时装插画作品［作者：海伦·德莱登（Helen Dryden）］

在这些画面中，服装设计师们的设计理念与风格需要被充分地体现出来，画中美丽的模特栩栩如生，表现出当时最具有时代特征的理想女性形象（图1-3）。

这些时装插画描绘的就是当时的流行服饰。我们可以想象贵妇们三两成群地手捧当时最新的时装杂志，坐在宽敞明亮的会客厅里，讨论各自心仪的款式和颜色，想象自己穿着书中的流行服饰成为聚会中的焦点人物（图1-4、图1-5）。

在时尚信息铺天盖地的今天，人们已经不再依靠时装插画来获悉流行服饰的样貌，因为时尚摄影已经在第一时间记录下每一场时装发布会，每一个精彩的细节，人们甚至可以通过互联网直播或回放观看世界各地的秀场表演视频。

然而，时尚对于消费者来说绝不仅仅是一件件流行物品，而是一种情感。时装插画在经历了一段落寞期之后再次回归，成为一种独特的艺术形式，在传播流行的同时，承载着树立风格的期待。插画家们并非像照相机那样去记录这些美丽的物品，他们以艺术家的独特视角，用画笔赋予了服饰品更多的主观精神和艺术趣味。在时装插画中，想象和梦幻的成分要远大于真实的流行事物本身（图1-6、图1-7）。

图1-4　1916年香奈儿运动服《优雅巴黎人》Les Elegances Parisiennes 杂志

图1-5　1934年，塞西莉亚·比顿（Cecil Beaton）绘制的艾尔莎·夏帕瑞丽（Elsa Schiaparelli）和查尔斯·沃思（Charles Worth）晚装

图1-6 卡米尔·菲斯特（Camille Pfister）❶《化妆间里的时尚女友》，灵感源于詹巴迪斯塔·瓦利（Gimbattista Valli）2016年春夏和2016年秋冬高级定制时装（由艺术家本人提供）

---

❶ 法国时装插画师，现居于巴黎。她自幼学画，后来曾在巴黎塞弗尔艺术工作室、Créapole时装巴黎分部和意大利学习，因获得一些大赛奖项，有机会于2012 / 2013年秋冬米兰时装周举办了时装秀，并在*Alchemist*杂志和*Enchanted*书中刊登作品。

她目前主要创作一些以她欣赏的时装设计及美学为主题的时装插画，用马克笔、彩色铅笔、墨水、水彩和水粉作画。Camille Pfister只画悲伤的年轻女孩，画面中的这些人物形象有着大而惶恐的眼睛和耳朵，她们经常哭泣并患有忧郁症。因为她们拒绝成长为现代社会中有社会经验和性感轮廓的成熟女人，她们是对坚强独立女性原型的一种抗议。简而言之，这些人物形象无视他人的期预。值得注意的是，她们所穿着的服饰不仅引人注目而且正好反映出人物的性格。

"要成长为一名艺术家的唯一出路就是不断地作画，由此建立起自己的风格。"——卡米尔·菲斯特

图1-7　卡米尔·菲斯特作品《不要听从你内心的声音》，作品中包含多位人物形象，灵感分别源于川久保玲2005、2007、2010、2012、2015春夏系列和2005、2007、2009、2016秋冬系列时装（由艺术家本人提供）

第二节　时装插画与时装设计图

一、时装插画

　　时装插画题材和风格多样，画面效果异彩纷呈。时装插画是插画的一个分支，是一种专门以流行服饰作为表现题材的艺术形式。

　　时装插画是在时尚产品诞生以后，由专职的时装画家们用绘画语言对这些作品进行再创作的过程，其中加入了作画者自身的审美特色（图1-8），着重表现画面的艺术性。

图1-8　阿斯特丽德·沃斯（Astrid Vos）❶《夸张耳饰》(由艺术家本人提供)

---

❶ 现居巴黎的荷兰时装插画师。阿斯特丽德·沃斯在荷兰阿纳姆艺术学院毕业以后在巴黎的一些时尚造型机构工作了十余年，而后又在阿姆斯特丹为多家广告公司工作了十年。在十五年多都没有摸过画笔之后，她重新开始作画，2016年初开始在社交媒体上发布作品，迅速引起了一些知名艺术家、设计师、业内其他名流和名模们的关注，并获得了很多粉丝的支持。她曾为欧莱雅在巴黎时装周的后台工作，并出席了十四场秀。

阿斯特丽德·沃斯的作品表达出对时装和美容产业中多样性的歌颂。对她而言，纯粹的情绪流露就是艺术。时尚产业中无时无刻不在变化，完全不会静止，这种日新月异的"美丽谎言"使她着迷。

"我想要以一种轻松而动感的方式创作出锋利而强烈的人物形象。我挑战自己以更轻松、更直接的作画方式，使之直奔主题，最重要的就是情绪的表达。我的建议是每天练习，找到自己的口味和内心的声音。不要因为在艺术上进步缓慢而失望，因为这的确需要时间。把你的画放在Instagram上吧，你将会遇到整个世界。"——阿斯特丽德·沃斯

　　很多时装插画家并非服装设计师出身，他们中有一些是艺术家和平面设计师。他们的创作往往并不局限在如实地描绘出服装服饰产品本身，而是经过主观加工处理使他们的表现对象更具浪漫色彩和艺术风格（图1-9、图1-10）。

　　有大量的时装插画被运用在了服装、服饰、美容品牌的商业宣传中，如一些品牌的产品包装、顾客礼品、画册、橱窗和海报等（图1-11）。这些运用在商业范畴的插画作品使商品更具吸引力，同时也更能展现出品牌的艺术品味和文化底蕴。越来越多的商家洞察到时装插画的艺术之美和商业价值，从而邀请时装画家们为他们的品牌创作，增加产品的附加值。这使得更多的时装插画家有机会展示出自己的艺术才能，也使时装插画行业受众面越来越广。

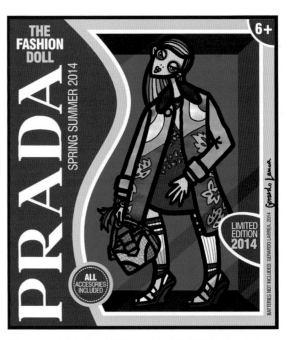

图1-9　杰拉尔多·拉雷亚（Gerardo Larrea）❶2017年早春古琦（Gucci）——未来即是现在（由艺术家本人提供）　　图1-10　杰拉尔多·拉雷亚2014年春夏普拉达（Prada）——时装玩偶（由艺术家本人提供）

❶ 秘鲁时装插画师、时尚编辑、造型师。在2000年进入时装业以前曾是一名平面设计师，2011年开始时装插画事业。他的表现手法极为平面化，钟情于怪诞、风趣而用色大胆的创作风格。他用粗犷的线条表现出有着夸张大眼睛的模特，并试图在模特所处的独特世界和最新发布的时尚系列之间建立联系，挑衅般地用极富个性化的作画风格诠释时装设计师们所创造的造型和花色。

　　"从最初的铅笔稿到最终的完成稿（手绘或数码），都要饱含激情地去做。坚持不懈地练习才能找到自己的风格和画面的人物角色。"——杰拉尔多·拉雷亚

图1-11　温馨为中国服装品牌影儿时尚集团绘制的商业活动宣传海报

二、时装设计图

时装设计图是时装设计师们传达设计构思的途径。在时尚产品诞生以前，设计师们借助绘画的形式将他们所构想作品的设计思路在图纸中描绘出来，画出它们的形态、结构、工艺、色彩图案、材质、搭配，使客户或工艺师们更直接地领悟设计意图。

设计图的主要作用在于清晰地传递设计理念，一张技巧高超的设计图往往比千百句描述性的文字语言更能准确地表现出设计作品的方方面面。设计师们常常在他们的设计图旁边附上作品的尺寸、面辅料小样和简单的文字说明，使他们的图纸更加完整。设计图如同不同分工者之间沟通的桥梁，有时候成功的设计图能够远程指导设计作品的实物制作。一些好的设计图还具有一定的艺术价值，但是艺术性不能作为衡量设计图优劣的唯一标准。

三、时装插画与时装设计图的共同点

这两种不同类别的时装画之间存在着一些联系，如时装人体是不可或缺的部分。要想掌握时装设计图和时装插画的创作技法，娴熟掌握时装人体的基本规律非常重要，这是下一章节的研究重点。

图1-12 埃里斯·德兰（Eris Tran）❶2017 年秋冬艾莉·萨博（Elie Saab）高级定制（由艺术家本人提供）

除此以外，时装插画和时装设计图都具有多元化的特点。即便是功能性极强的时装设计图，也因出自不同设计师之手而风格迥异，所用的工具、技法种类繁多。时装插画则更是充满强烈的艺术家个人风格（图1-12~图1-14）。

---

❶ 越南时装插画师、时装设计师，在越南版 *ELLE*、*L'Officiel* 等时尚杂志中都能看到他的作品。他曾获得越南版 *L'Officiel* 时装插画大赛冠军，热衷于表现细节烦琐而奢华的高级定制服装。
　　"刻苦作画，成功会接踵而至。"——埃里斯·德兰

由于时装插画和时装设计图都与流行紧密联系，所以他们都具备强烈的时代感。其中人物形象、服装风格、作画技法和创作特点都受到当时的技术、社会环境与时代背景影响。我们能够从一些历史上的时装判断他们的诞生时间（图1-13~图1-19）。因此，在绘制时装画时我们应该谨记画面务必体现"当下""新锐""时髦"等概念，运用最先进的技术手段和观念进行创作，而不是脱离我们所生活的时间段去表现过时的事物。

图1-13　埃里斯·德兰2016年秋冬艾莉·萨博高级定制（由艺术家本人提供）

图1-14　弗朗西斯科·洛拉克诺（Francesco Lo Iacono）❶为英国版 *InStyle* 杂志绘制的2017春夏伦敦时装周作品，品牌从左向右分别是 J. W. Anderson、Eudon Choi 和 Preen by Thornton Bregazzi（由艺术家本人提供）

图1-15　20世纪10年代恩斯科·撒切蒂
（Ensico Sacchetti）作品

图1-16　20世纪30年代道格拉斯·波拉德
（Douglas Pollard）绘制的香奈儿晚装

---

❶ 意大利时装插画师，现居伦敦。他热衷于为时装周作画，尤其喜欢伦敦时装设计师们。

　　"我能感受到完全不同的、新颖、生动而又充满能量的气氛。""对我个人而言，练习就是一切的关键所在，我每天都刻苦练习和画图，这是唯一能获得进步的途径。"——弗朗西斯科·洛拉克诺

图1-17　20世纪40年代时装画作品（作者：佚名）

图1-18　20世纪60年代女鞋广告（作者：佚名）

图1-19　20世纪70年代卡洛琳·史密斯作品

第三节　作画前的准备：工具与材料介绍

要想创作出好的时装画，精良的工具和材料起着重要作用，挑选和试用工具的过程也属于创作过程的一部分。每一位艺术家都有自己擅长和偏爱的工具与材料，下文将分享一些笔者在创作时最为常用的画材。

一、轮廓

1. 铅笔、炭笔

铅笔是最常用的起稿工具，同时也可以作为主要的创作工具之一。简单的铅笔素描稿结合其他媒介上色是一种普遍流行的绘画方式。

炭笔颜色比铅笔更深，效果更加鲜明，在绘制服装速写时也较为常用，与浓淡墨水相互配合的效果也非常协调。在用炭笔配合水彩上色作画时，由于它有一定的水溶性，应该避免弄脏画面，如果需要有炭笔轮廓线，应该先上色，等颜色干透后再用炭笔勾线。笔者较常用的是HB型号的将军牌（Genaral's）炭笔，笔迹细腻，颜色浓黑，很适合创作时装画。

2. 毛笔、科学毛笔

毛笔种类繁多，不同种类的毛笔可与水彩、水粉、丙烯、墨水等相搭配。毛笔的制作工艺和毛的种类不同，导致效果千差万别。就墨水和水彩用的毛笔而言，貂毛、松鼠毛、人造纤维都很常见，很多欧洲国家的毛笔品牌都有不同尺寸、不同形状的水彩毛笔。中国也是生产毛笔的大国，中式毛笔的制作工艺和选材都与西洋水彩毛笔有较大的差别，但是有一部分的中式毛笔用于水彩画也是完全通用的。这里就不一一介绍了。

对笔者而言，一支用于勾线的貂毛毛笔，一支中等尺寸的貂毛着色毛笔，一支中等尺寸的松鼠毛毛笔，外加一支人造纤维的排笔在进行水彩时装画创作时是必备的。貂毛毛笔储水量足，纤维最有弹性，笔触精巧灵活，用于水彩和墨水的勾线和铺色都很完美。松鼠毛毛笔纤维更为柔软，储水量更大，用于大面积铺色和晕染效果理想。人造纤维的排笔有着效果强烈的笔触，适合用于干画法表现的水彩和水粉颜料，有些时装面料的质感的确需要干湿画法结合完成，所以，排笔也是必备的。

要找到最适合的毛笔并非易事，可能需要在购买过的上百支毛笔中挑选出最适用的几支。平时应该妥善保养这些毛笔，避免用昂贵的毛笔接触丙烯颜料、油漆、留白胶，避免在水中浸泡，使用过后应该套好笔套，保护毛纤维。

有很多日本品牌生产种类繁多的科学毛笔，为艺术家们提供随身携带的方便。科学毛笔是毛笔笔头，自带一次性墨水笔芯。人造纤维制成的笔头造价并不高，但有毛笔的书写和绘画效果，除了有深浅不同的墨色，还有金色、银色和丰富的彩色系。科学毛笔单独使用或者配合其他工具，如马克笔，都是不错的选择。

3. 蘸水笔、钢笔

蘸水笔的笔尖和钢笔一样都是配合墨水使用的硬笔。蘸水笔是西方的古老发明，早期有鹅毛制成的蘸水笔，目前市面上最为常见的是不同粗细的金属笔尖，但也可以自制鹅毛蘸水笔和竹子蘸水笔。

每一种不同的笔尖勾出的线条效果不同，能够创作出不同的风格，但需要较强的作画技能，也需要大量的时间练习，有兴趣的读者可以通过对笔尖的尝试获得乐趣和不同的艺术体验，能够创作出属于自己创作风格的作品（图1-20）。

图1-20　各类画笔工具
1—铅笔
2—炭笔
3—貂毛勾线笔
4—貂毛画笔
5—貂毛古典水彩画笔
6~8—松鼠毛画笔
9—尼龙毛排笔
10—软头勾线笔
11~13—科学毛笔
14~15—彩色勾线笔
16~17—蘸水笔尖
18~19—竹笔
20—硅胶笔

二、着色

1. 水彩颜料

水彩颜料有管状和块状两种，管状颜料色彩浓郁，流动性好，适用于厚画法，也便于创作大幅作品；块状颜料体积小，不会泼洒，携带方便，推荐在时装画中使用，可以与管状颜料相配合。有很多历史悠久的水彩颜料品牌可供选择，如史明克（Schmincke）、荷尔拜因（Holbein）、美丽蓝蜂鸟（Maimeri Blue）、申内利尔（Sennelier）、丹尼尔·史密斯（Daniel Smith）和温莎牛顿（Winsor & Newton）等，都是非常专业的水彩颜料品牌。水彩颜料的色系非常丰富，色彩透明、鲜亮，建议读者在自己的能力范围内选购品质最佳的颜料，如果绘画频率不是非常高，建议选购块状水彩颜料，以免挤出的管状水彩颜料干燥或变质。

2. 墨水

（1）印度防水黑墨水

对笔者而言，防水的印度黑墨水是配合水彩颜料使用所必备的，在后文的作画步骤中会详细说明使用方法。印度黑墨水加水稀释后可以呈现出浓淡不同的灰色调，可用于处理轮廓，或单独用于创作黑白水墨作品也不错。值得注意的是，蘸过防水墨水的毛笔要及时洗净。

（2）高光液或高光白颜料

水彩颜料是没有覆盖力的，所以我们需要一款覆盖力极强的白色墨水用来绘制高光。高光液或者高光白颜料是绘制日本漫画时使用的必备工具，在水彩画中也非常实用。推荐品牌马丁博士（Dr.Ph.Martin's）、吴竹（Kuretake）、COPIC。

（3）水彩墨水

水彩墨水是液态水彩，可以配合滴管、蘸水笔或者毛笔使用。它的色彩非常透明，比水彩颜料更加鲜艳，流动性更强，有染色性，但有些水彩墨水持色力不如普通水彩颜料。

此外，很多水彩墨水干透以后是防水的，所以创作多层重叠效果非常好。

3. 马克笔

马克笔诞生于20世纪60年代，是一种为设计师绘制手稿提供便利的发明。生产马克笔的品牌非常多，一般每支笔都有粗细两头，笔尖有海绵毛笔状，也有斜面宽头和细头等。马克笔不需要加水稀释或者调色，但是需要购买大量的颜色才能满足创作需要。专业人士选用日本COPIC品牌的马克笔最多，因为该品牌的马克笔色系丰富，笔触柔和，便于衔接和晕染，可以配合墨水和喷笔使用。

即使是不用马克笔作为主要的着色工具，那么配上几支肤色的马克笔也很有必要，推荐COPIC马克笔肤色色号E000、E00、E01，加强肤色轮廓建议用E11。有些品牌还推出了用于渐变晕染的透明色马克笔和有覆盖力的白色马克笔，这样的新发明使马克笔的画面效果更加丰富，白色马克笔还能在有色卡纸上绘制提亮的效果。

用马克笔创作时装画还可以搭配白色、金属色和一些彩色的针管笔绘制细节。

4. 设计师水粉颜料

水粉颜料与水彩颜料有着截然不同的绘画效果和绘画技法。水粉颜料（Gouache）也被称为广告颜料（Poster Color）、不透明水彩颜料，是一种不透明且有覆盖力的颜料，一般是管装或者罐装的膏状。设计师用的水粉颜料比普通水粉颜料更加均匀细腻，胶质较

图1-21　各类着色工具

1—Copic马克笔E000　2—水彩盐　3—史明克块状水彩颜料　4—珠光水彩颜料　5—水彩墨水　6—管状水彩颜料　7—樱花金色水彩颜料　8—霓嘉设计师水粉颜料　9—马丁博士金色丙烯墨水　10—温莎牛顿防水黑墨水　11—吴竹荧光色颜料　12—申内利尔留白胶　13—马丁博士留白胶　14—吴竹高光液　15—马丁博士高光液

少。水粉颜料能够表现出厚重的质感，同时干燥快，有覆盖力，表现繁复图案也非常方便，但在调色时，蘸取颜色品种过多容易发灰、发暗，一定要保持画笔和水的洁净，减少调色次数以保持画面色彩的清透。推荐品牌樱花（Sakura）、霓嘉（Nicker），后者也是日本动画大师宫崎骏绘制动画电影背景时所用到的颜料。另外，水粉颜料还能和色粉笔一起在有色卡纸上面进行创作。

5. 彩色铅笔

彩色铅笔是一种受到专业人士和业余爱好者们共同欢迎的绘画工具，易于掌握，颜色繁多，和铅笔一样笔触细腻、柔和。由于彩色铅笔笔尖较细，绘制大面积色彩需要较长时间，但是配合水彩、水粉和马克笔绘制细节还是不错的（图1-21）。

三、纸张

1. 水彩纸

用水彩颜料作画必须选用专业的水彩纸，高品质的水彩纸价格昂贵，但是不同价位的水彩纸呈现出的效果差别一目了然。初学者可以选用克数相对较低，价格较为便宜的水彩纸。如果不是追求极致的水彩效果，创作时装画对水彩纸的要求并非很高。笔者最常用300克的康颂（Canson）。梦法儿（Montval）作为一般的时装插画用纸，在创作长期绘制作品、大幅作品和湿画法作品时，则多会用康颂和阿诗（Arches）的水彩纸。为了省略裱纸这一步骤，或为了方便携带，也可以直接购买四面封胶水彩本。因为未裱过的水彩纸在打湿作画以后会变得凹凸不平，影响作品美观。

2. 多用途绘图纸

使用墨水、炭笔和铅笔作画时需要配合一种表面光滑、不洇的绘图纸，笔者选用的是德国纳斯塔（Nostalgie）素描纸，这是一种厚度适中、高性能且表面光滑的素描纸，铅笔、彩色铅笔和炭笔着色度非常好，层次细腻，绘制铅笔淡彩或者水墨画时也能吸收一部分水分，不易受损；不仅如此，用马克笔作画不洇染，不会透到纸张下面。

3. 马克笔专用纸

如果完全用马克笔，不太多使用其他辅助工具作画，也可以考虑选用马克笔专用纸。这种纸表面光滑，底部有一层浆，不会洇开或者透到底部。但是，马克笔专用纸一般非常薄，幅面小，分量感弱，适合练习或者画短期作业，不利于多种工具混合运用和创作大幅作品。

4. 色卡纸

色卡纸作画是一种专门的技法，有特殊的表现效果。色卡纸可选用的颜色品种也非常多，可以搭配水粉、丙烯、高光笔、油漆笔和色粉笔作画。另外，还可以选用色卡纸进行裁切来作为色块在其他纸上面拼贴作画。

四、辅助材料

创作时装画除去以上介绍的专业作画工具外，还有很多能够产生特殊创作效果的辅助材料，使画面更有质感，效果更加丰富。

1. 水彩辅助工具

（1）金属色墨水和珠光水彩颜料

金色、银色墨水和颜料在绘制时装画，尤其是绘制服装配饰时是必备的，能表现出金属配件的真实质感，还能增添时装画原作的品质感。金属色也有不同深浅和不同色彩倾向性的色调可供选择。

珠光水彩颜料有直接出售的，也可以自己用珠光媒介与水彩颜料相调配制成，珠光色颜料同样用于加强画面的质感。

（2）荧光色颜料

有时候即便是顶级的水彩和水粉颜料依然达不到我们希望追求的色彩纯度，这时可以选择一些荧光色颜料作为局部点缀，使画面的色彩更加鲜明、透亮。建议在绘制唇妆、花卉和一些服装图案的时候可少量运用荧光色颜料。

（3）其他辅助工具：留白胶、盐、牛胆汁、海绵

留白胶用于水彩上色之前需要空白的部分，注意要用留白胶专用硅胶笔尖或者蘸水笔尖蘸取用水稀释过的留白胶，不要用任何绘画用的毛笔，因为留白胶会毁掉毛笔。另外，也可选用细头的笔状留白胶，把需要留白的高光、花纹等部分用留白胶画好，干透以后开始水彩着色，水彩颜料干透后，再用橡皮轻轻擦去留白胶，呈现出空白部分，这部分可以进行再次上色。

水彩用作画盐常被用来制作水彩的肌理效果，在未干的水彩着色部分撒上少许盐，干透后盐分融化掉能形成如雪花般的水渍效果。

牛胆汁也是常用的水彩画媒介，能增加水彩颜料的流动性，加强晕染效果。牛胆汁以液态居多，还有些品牌生产了方便放在块状颜料盒中的固体牛胆汁。

海绵用于控制水彩毛笔中的水分，也可按压制作画面毛茸茸的肌理效果。纯棉的抹布或者口罩用于吸水也是必备的。

2. 云母片、金属片、水钻、闪粉和其他装饰性辅助材料

为了增加服装和配饰的质感和画面的趣味性，作者可以充分发挥想象力，将那些用于美甲、制作服装用的闪粉、亮片、网纱、蕾丝、面料附着在完成的画面上（图1-22～图1-25）。

3. 化妆品

腮红、眼影和指甲油都能用来作画，颜色细腻丰富，画出来有油质效果，用化妆刷、海绵棒配合粉质的腮红和眼影则更易着色。指甲油和油漆的质地类似，有些指甲油有珠光效果，还含有亮片和闪粉，自带刷子，使用起来很方便，直接在完成的色彩稿上覆盖即可。绘制手部和脚部时还可直接用指甲油表现时装画人物的指甲（图1-26）。

图1-22　用装饰亮片作画

图1-23　装饰亮片细节

图1-24　装饰亮片时装画完成图

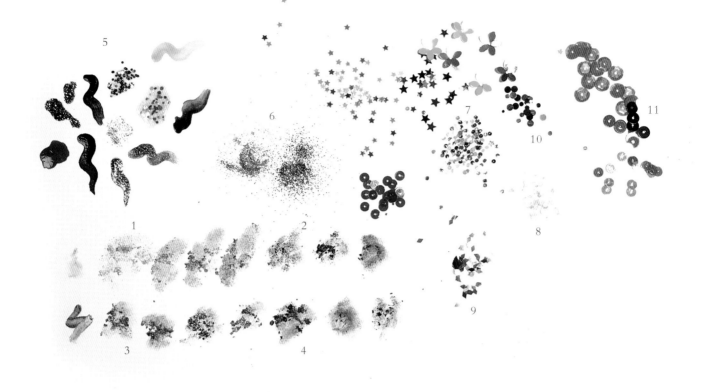

图1-25　各类装饰性辅助材料
1~4—用海绵棒上色的腮红与眼影　5—指甲油　6—金属色闪粉　7~11—装饰亮片

图1-26　用指甲油作画

第二章｜服装人体
C H A P T E R

　　服装被看作人体的第二层肌肤，是根据人体进行测量、剪裁并缝合制成，服饰品的设计制作也是如此。在时装画表现中，人体的表现为画面增光添彩，也为作品注入了生命和灵魂。

　　时装画中的人体不同于其他绘画作品中的人体，她们代表着一个时代典型的理想化的审美，也代表着不同时装画家的风格（图2-1）。同一位时装画家的作品中，往往会出现类

图2-1　比格姆（Bigham）❶《皮肤》（由艺术家本人提供）

---

❶ 泰国时装插画师比格姆（Bigham）的作品用怪诞的人物形象和大胆的色彩来突出画面，借以表现女性的自信与态度——坚强、美丽和拥有能够面对一切的勇气。他希望观众通过观看他所创作的人物形象达到激励效果。

　　"追求艺术过程中所有的干扰和困难是对一个人是否真正热爱艺术的试探。因为如果你真的热爱画画，即使没有报酬和他人的肯定也不会使你停止。另外，不要盗用他人的作品，一定要找到自己的方向，绝对不要去抄袭。成为一个艺术家的第一步就是尊重其他艺术家的作品。"——比格姆

图2-2　杰拉尔多·拉雷亚的人体

图2-3　杰拉尔多·拉雷亚的古琦2017秋冬系列

似的人物特点，这些人物具有很强的标识性，我们时常能够通过画面中的人物形象辨认出该画的作者。相对于时装设计图中极为精简而模板化的人体，时装画中的人物被作者赋予了更多的笔墨、更强烈的个性特点和情感变化（图2-2）。

杰拉尔多·拉雷亚说："我以爱丽丝漫游仙境中的喝茶场景为灵感，再现古琦2017年秋冬系列中的片段。我用趣味性的方式、丰富的色彩和肌理，外加大量的甜品来表现这四个人物形象（图2-3）。"

弗朗西斯科认为，"我常常试图在画面中为模特增加一些帽子或者耳环之类的配饰来加强面部轮廓。我觉得使用水彩最能代表我的风格（图2-4）。"

图2-4　弗朗西斯科·洛拉克诺的人物形象，Dsquared2 2017年早春系列

"我想要用珠光宝气的奢华裙装表现出模特们高贵而极为女性化的一面，所以最能代表我风格的莫过于高级定制的画稿（图2-5）。"

——埃里斯·德兰

图2-5 埃里斯·德兰人体系列

第一节　人体比例与动态

　　和时装摄影一样，时装画创作中需要选择最适合又最美丽的人体动态来布置构图。开始创作一幅时装画以前，在大量的人体素材中选择动态是一项很重要的工作，这几乎在一开始就决定了画面是否能取得成功。通过观察那些优秀的时装画范例，会发现它们都选用了那些极为优雅、富于张力而有戏剧性的人体动态，这些美丽的动态使画面一下子抓住观众的注意力，将人们带入画家所营造的气氛当中。

　　按照画面的构图安排选择不同的表现视角，不管是头像、胸像、半身、全身或是多人组合的构图，都有一些理想的角度和动态。在半身和全身构图中，动态的作用更为明显。可以根据所要表现的对象来选择理想的动态素材。

一、服装人体比例

　　不同时代对人体美的定义不同，有不同的理想体型（图2-6）。通过观察20世纪的经典时装照片，我们会发现，不同时代的时装款式所突显的是不同的身体部位和不同的体型特点。有些时代流行的款式强调玲珑的女性人体曲线，有些时代流行的款式突出年轻女孩般纤长的腿部线条，也有些时代的款式强调男性化的宽肩…… 这些审美趣味和流行风潮的变化，造就了不同时代人体美的典型风格和鲜明个性。

　　大部分时装画或摄影作品都会突出比普通人身体更加修长、窈窕的人体曲线（图2-7）。在选取模特的时候，其身高要明显高于普通人，这是由于在时装秀场这样距离观众较远的较大空间中，模特必须具备一定的身高才有更大的时装表现面，否则他们会消失在这个空间中，无法突显产品。除了身高因素，协调的身体比例和抢眼的个性形象也会使时尚产品看上去更有吸引力。

20世纪60年代崔姬（Twiggy）　　　20世纪50年代梦露　　　20世纪90年代辛迪·克劳馥（Cindy Crawford)）　　　普通人体　理想人体　普通人体

图2-6　不同时代的理想体型　　　　　　　　　　　　　　　　　　图2-7　普通人体与理想人体

1. 服装人体的头长与参考线

按照头长为单位进行人体比例划分是最为常见的时装人体画法。八头半和九头身的女性人体最为常用。不同作者会有自己的偏好，本书作者选用九头身的女性人体比例是在普通人体型基础上进行规范、概括、提炼和修饰得来的，并不十分夸张，也不易出错。初学者应该反复练习这样的比例，从而理解人体不同部位的形态、构造，局部与整体之间的关系。人体的任何一个部位出错，都会使整个人体看起来比例失调。所以，在绘制人体之前，我们会在空白的纸面上，用等分线画出条格。这些条格就是帮助你在绘画时根据等分的区域来安排人体的比例，避免在绘制胳膊、躯干、腿部时不知道该预留多大的空间。对于不太熟练的初学者，这一步骤是不能被省略的，因为没有枯燥的训练和坚实的基础，无法掌握绘制美丽人体的技能。

在绘制服装人体比例以前，有一些人体常用的参考线是我们需要掌握的：

胸围线是穿过人体胸高点（BP点）的水平维度线；

腰围线是人体腰部最细处的水平维度线；

臀围线是绕人体臀部最丰满的一周的水平维度线。

　　前中心线与后中心线：人体是对称的形态，前后中心线是平分人体的对称轴辅助线。在裁制服装时，会参考前后中心线制作出对称的形态，前后门襟的开合纽扣和拉链往往都被安排在人体前后中心线的部位。在人体做立正动作时，从正面和背面观察人体，前后中心线是垂直于地面的，但当人体发生一些倾斜、扭曲的动态时，前后中心线是随人体动态而弯曲的。在绘制人体时，头脑中应当始终牢记着前后中心线的存在。

　　重心线：人体在站立时，承受身体重量的辅助线，由颈窝或第七颈椎开始向地面作垂直线。重心线始终是挺直且垂直于地面的，绝不会发生弯曲或折叠。在绘制人体时，重心线垂直于地面的落点（人体重量的支点）会始终落在某一条受力腿上或两条腿之间。这样才能保证人体稳稳当当地站立在地面上，而不会跌倒（图2-8）。

　　在研究人体比例和动态时，上文提到的前后中心线、重心线、头长这些概念会反复被提到，它们是准确绘制人体的重要因素。

图2-8　重心线

2. 九头身女性人体比例（图2-9）

用直尺在纸面上绘制出11条平行的横线，每条线之间的距离应该完全相同。这就是10个头长的条格。下面我们来看一下如何将人体安排在这些条格的位置中。

第一格是头部，上至头顶，下至下巴。

从下巴到胸围线是第二格，第二格这一段距离包括人体的颈部、肩部和胸部的一半。两肩肩点之间的连线刚好在第二格的1/2的横线上。注意画出颈部的长度和人体肩部的斜度。人体立正时，从正面和背面看，人体的前后中心线应该平分人体，两肩的高度要一致，中心线两边的宽度也应该一致。在两肩点连线和前中心线交叉的点上画出颈窝的位

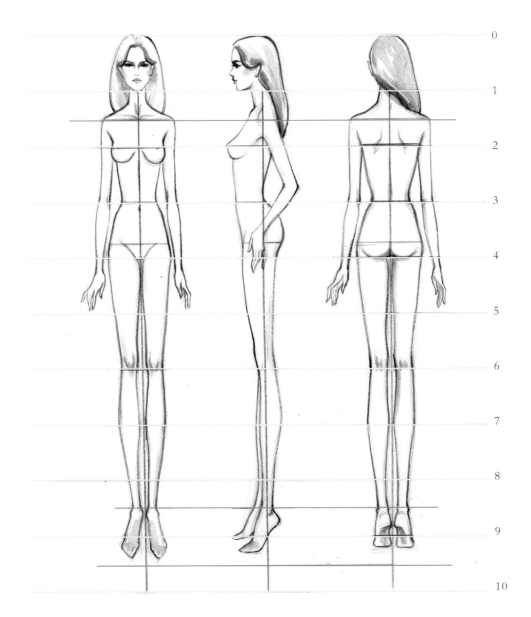

图2-9　九头身女性人体比例的正面、侧面、背面

置。颈窝两边画出锁骨所在的位置。在表现动态人体的时候，我们往往要从颈窝开始画垂线作为人体的重心线。从人体的背面看，颈部结束的中间点是第七颈椎点，背面的重心线从这里开始。

　　第三格是胸高点到腰围线的距离，也是手臂肘关节所在的位置。从肩点到肘关节的长度就是人体上臂的长度。在第三格画出乳房的底部和胸腔的轮廓，注意腰部轮廓内收，以表现出女性的细腰。在腰围线下不远处标示出肚脐的位置。

　　第四格是腰围线到人体躯干的底部。画出髋关节的轮廓，髋关节的宽度应该比腰部外放，比肩宽略窄。同时在躯干底部画出人体的腹股沟，用一个V字形来表现。

　　以上的四格，就是从头顶到躯干所在的位置，差不多占据人体近一半的位置。这部分不可以过分拉长，否则会影响人体比例中腿部的长度。剩下的四格半是腿长（不含脚）。腿部至少要占到人体的一半或以上才会达到比较美观的比例。

　　第五格到第九格是腿部和脚。手臂自然下垂时，第五格也是手腕和手所在的位置。注意，从肘关节到腕关节的距离应该相等，上臂和前臂同长，再加上手。手的长度和面部长度相等，小于头部长度。第五格和第六格是大腿到膝盖的长度，膝盖刚好落在第六格的位置。

　　第七格、第八格和第九格的一半是小腿到踝关节的长度。注意在绘制小腿时，应该比大腿更细。画时装人体时，腿部应该较细长，这样的人体较为优雅和时髦。

　　第九格剩下的半格就是脚背的高度。我们常画穿着高跟鞋的女性，所以脚背由于被鞋跟抬高而显得较长。脚掌超出了这九格落在第十格上面一小段的部分。

3. 九头身男性人体比例

　　用直尺在纸面上绘制出11条平行的横线，也就是10个等分格子（实际人体占9格），每条线之间的距离应该完全相同。这里每一个格子要比女性人体的格子略大，男性人体和女性人体同样都是九头身，但是男模要比女模头长更长，所以他们的身高有差距，看上去女模比男模矮半头。

　　从比例上看，男性人体上半身占4格（4个头长），两肩点连线在第二格1/2的位置，胸围线在第二格，腰部和肘关节在第三格，男性腰线要比第三格的位置略微降低一点，腰部不太细，从胸腔用直线斜下来以后第四格是腹腔，腹腔造型接近矩形，没有太多曲线。男性手臂的长度从肩点开始计算一共3个头长，上臂和前臂长度几乎相等，手画成握拳的姿势，显得比较阳刚，手掌长度和脸长相等。男性腿长也占4个半头长，其中大腿2格，小腿2格半。脚的长度为半格，因为男模穿平底鞋，脚弓没有女模高，但是脚掌宽度要表

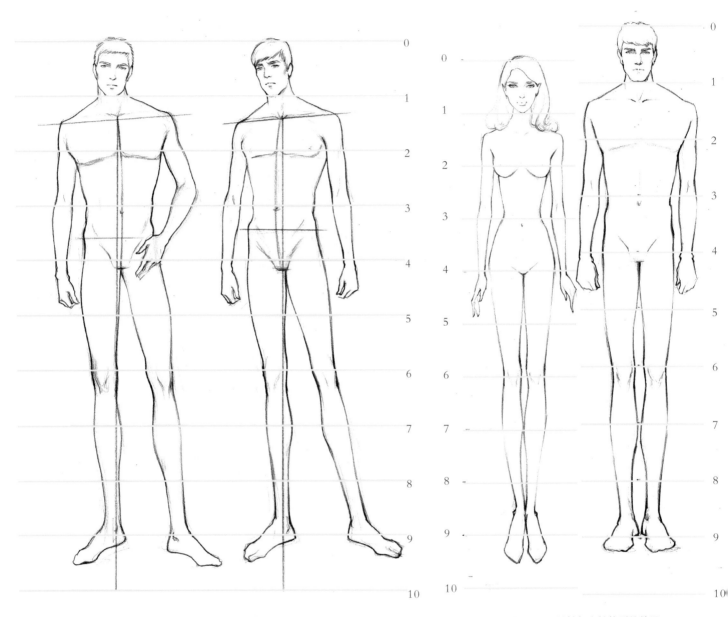

图2-10　九头身男性人体比例　　　　　　　　图2-11　男性与女性体型的差异

现得略宽（图2-10）。

　　在身体形态上，男性与女性体型差别较大。男性头部呈长方形，躯干部分呈现出倒三角形（梯形），而且四肢粗壮有力，颈部、手腕、脚踝也较粗壮。女性头部呈鹅蛋形，躯干部分是上下宽、腰部细的沙漏形，四肢修长纤细，尤其是颈部、手腕和脚踝十分纤细。男女模特同时出现在一副画面上时显现出强烈的性别差，刚柔对比出截然不同的美感（图2-11）。

二、服装人体动态

1. 站姿

（1）双腿同时承受身体重量

　　人体双腿放置在身体左右两侧，或前后两侧，以及交叉时，人体的重量由双腿共同承担，重心落在双腿之间。此刻，肩部辅助线（两肩点连线）与胯部辅助线（臀围线）是平行的（图2-12）。

图2-12　双腿同时承受身体重量的动态

（2）单腿承受身体重量

在绘制站姿时，初学者可以在绘制出头部、颈部以后立即绘制出前文提到过的重心线。如果是单腿承受身体重量的动态，那么受力的一只脚会刚好落在重心线垂直于地面的支点上。受力腿一侧身体的胯骨比另一侧上扬，另一条腿放松，胯骨向下倾斜。如果将身体两侧的胯骨用辅助线相连，我们会发现在单腿承受身体重量的动态中，胯部这条辅助线始终是倾斜的，而不会是水平的。另外，不受力的那一条腿姿态放松，可直可弯，不会影响身体站立的重心。而受力腿会显得挺直，肌肉紧绷，且不能随意移动，以确保人体是站稳的。观察单腿受力的站姿动态时，我们也会发现，如果在两肩点之间做一条辅助连线，肩部的这条辅助线往往和胯部辅助线的倾斜方向相反，即受力腿的一侧胯骨上扬，而肩点较低（图2-13）。

a.辅助线

如果我们用一条辅助线连接两边的胸高点，出现一条胸部的辅助线，这条辅助线与上文提到的肩部辅助线应当是平行的。如果在腰部做一条辅助线，腰部辅助线与胯部辅助线也始终是平行的（图2-14）。

图2-13　四分之三侧面、单腿承受身体重量的站姿人体动态

在绘制单腿承受身体重量的站姿时，画出人体的前中心线，我们会发现，由于透视，也由于人体有一定的厚度，画出的人体中心线并不在人体中间，离我们近的一侧身体显得比远的那一侧宽，而且离我们近的一侧身体的侧面会露出一部分。人体扭转得越多，侧面露出来的面积也越多，臀部也会露出侧面的轮廓，而身体的另一侧则几乎看不到，已经转

图2-14　肩部、胸部、腰部、胯部辅助线

了过去，这时候我们会看到另一侧的乳房呈现出侧面的轮廓，肩部也只能看到很少的一部分（图2-15）。

图2-15　人体的透视

同是单腿承受身体重量，人体躯干部分会有两类不同的动作变化，可以把大量的单腿承受身体重量的动态概括成骨盆突出体和骨盆内收体两类。这两类都具备单腿承受身体重量的动态特点：受力的脚落在重心线与地面的垂点上，受力腿一侧的胯骨较高，肩部较低，相反的一侧肩部较高，胯骨较低，肩部辅助线与胯部的辅助线呈现出相交的角度，绝不会平行。

两者之间的区别在于躯干部分是否弯曲，前中心线是否弯折。

骨盆突出体：躯干部分并无弯折，向受力腿的一侧送出，受力腿向后收，受力脚落在重心线与地面的垂点上（图2-16）。

骨盆内收体：躯干部分胸腔向前送出，腰部弯折，胯部向后收回，胯部辅助线垂直于这部分的前中心线，较高一侧为受力腿，受力腿向前送，受力脚落在重心线与地面的垂点上（图2-17）。

b. 手臂的动态

人体在站立时，手臂不承受身体的重量，所以手臂的动态非常丰富，可以放松地垂下、叉腰、提东西或者高举过头顶。在表现人体动态的时候，手臂的动态可以轻松地增添画面的生机，是"讲故事"的好途径（图2-18）。

图2-16　骨盆突出体

图 2-17　骨盆内收体

图 2-18　手臂的动态

C.侧背面站姿

　　绘制背面或侧背面的人体站姿时，同样要牢记人体的重心线和受力腿。绘制侧背面的动态时可以更为夸张地表现背部的曲线，因为后背脊柱是一个"S"造型，腰部内收，臀部突出，这一动态十分优美动人，充满女性化特点（图2-19）。

2. 行走的姿态

（1）正面

　　这是我们在画发布会秀场时装画时最为常用的动态。表现这个动态的要点在于，即使参考动态图片的躯干部分看上去是完全垂直于地面的，我们也应该将躯干处理成倾斜的，也就是把前中心线处理得略微向一边倾斜。肩点较低的一侧的胯骨较高，两肩点连线与胯部辅助线的关系始终是相交的而不是平行的。同时，倾斜较高（胯骨较高）一侧的脚踝落在人体的重

图2-19　突出后背曲线美的侧背面站姿动态

心线上，画双脚的时候略微向两边外侧倾斜，以表现出踝关节（图2-20、图2-21）。模特行走时双脚向前始终沿着一条直线轨迹行走，所以常被称之为"猫步"，画面中的重心线实际上和这条行走的轨迹线是重合的。

　　手臂可以表现成自然垂在身体两侧，略微随着行走而摆动，注意，手臂的前后关系与双腿的前后关系刚好相反。这时也要考虑前和后的虚实与透视关系。另外，手也可以表现成插在口袋里，或叉在腰间，又或是提着裙角或者拿着手袋的动作。

　　在面对大量秀场行走姿态的图片时，由于并非所有的动态抓拍图片都是那么完美和符合理想，因此建议只需要表现动态中最优美的部分，那些不完美的腿型或手臂的动态则可以被修饰成理想的状态，也就是更多地运用经验作画，而不是被客观素材所限制。

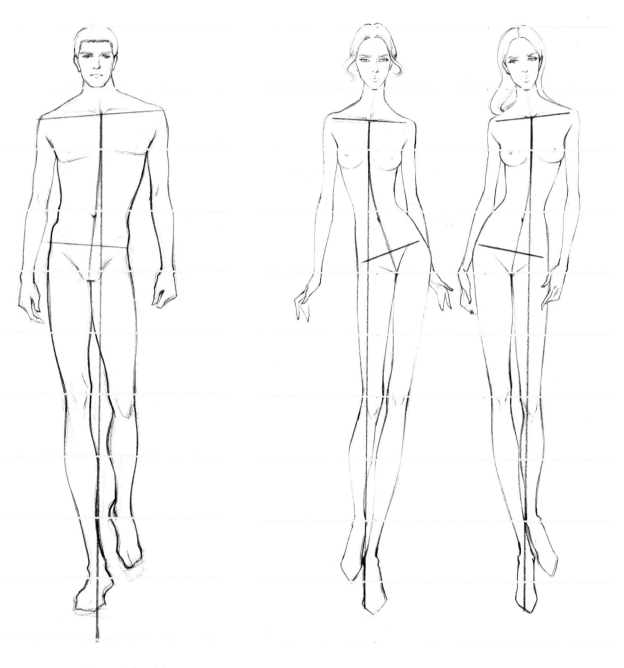

图2-20　男模正面行走的姿态　　　　　　　　图2-21　女模正面行走的姿态

（2）侧面

人们在昂首挺胸行走的时候，躯干是略微向前倾斜的，两条腿的膝关节都是略微向后弯曲的状态。一条腿在前面，另一条腿在后面，人体的重心在两条腿之间转移，所以重心线应该落在两条腿之间。另外离观众较近一侧的腿应该看上去比较长，而另一侧的腿由于透视而显得比较短（图2-22）。

表现行走的侧面，还需要将脚掌的方向表现得略微倾斜和上提，而不是站立时那样整个脚掌完全着地，尤其是在后面的那条腿，几乎是脚尖对着地面，甚至表现出一点腾空的状态。

图2-22　四分之三侧面到侧面行走的姿态

（3）3/4侧面

这一角度行走的姿态要描绘出躯干部分的厚度，肩部两肩点的连线和胯部辅助线也有一定的角度关系，两条辅助线不是平衡的，迈在前面的腿胯部稍高，肩部稍低，后面的腿脚尖点地或者悬空，离观众较近的一条腿显得比较长（图2–23）。

3. 坐姿

在坐着的时候，人体发生了弯曲，弯折点就在臀部。绘制坐姿时，臀部由于落在一个平面上，所以视觉上显得比站姿短而宽了一点。大腿发生了透视，也会看上去略短些（图2–24）。小腿前伸时有拉长的视觉效果，向后弯曲时则相反。这也是许多模特在坐姿拍照时会注意把小腿向前伸而不是向后弯曲的原因（图2–25）。

图2–23　四分之三侧面行走的姿态

4．其他动态

　　当我们阅读人体动态的理论知识时不免觉得复杂而枯燥，那是由于人体的动态太过千变万化。对于时装画的初学者，可以先从上文提到的一些典型时装动态入手，反复练习一些最常用而优美的动态，掌握绘制人体动态的规律后再尝试表现其他的动态（图2-26）。甚至可以准备一些典型动态的模板，反复使用。在绘制时装画之前不妨先找好想要表现的动态，单独练习，先绘制出裸体的人体，在理解人体以后再为之加上着装的效果。

图2-25　坐姿

图2-24　大腿部分有透视关系的坐姿

图2-26　适用于不同场景的人体动态构图

第二节　服装人体着装

一、服装与人体的空间

　　服装是根据人体的形态测量、剪裁并缝合而成的，而人体又是生动且富于变化的，图2-27中的网状弧线表现出人体表面的弧度起伏。因此在为人体画上服装时，应该在用线条表现服装外部轮廓和内部结构时注意与人体表面的曲面相一致。尤其是在领口、袖口、底摆、裤脚等处都应该画出弧线，并表现出从前往后紧随人体的转折（图2-28）。在绘制服装的袖窿、省道、分割线、门襟、腰带、图案时同样应该牢记，要符合人体表面的弧度。这样，观众才能透过覆盖在身体上的服装看到人体的形态和体积，感知画面的逼真效果。

　　　　图2-27　人体表面的弧面　　　　　　　图2-28　服装在人体上的转折

服装附着在人体的外面，所以服装和人体之间必然有着一定的空间。即使是合体的服装，在裁剪的时候仍会留有放松量和运动量。还有很多服装款式拥有更宽松的造型，在绘制这些宽松或"OVER SIZE"风格的款式时，我们甚至会刻意利用动态和风力在二维纸面上突显出服装与人体之间的空间感。在绘制服装轮廓线时，紧贴人体的部分和关节的部分用线要实，其他部分用线较虚，更为松动。

二、人体着装服装衣纹

由于面料受到地心引力的影响，服装与人体之间空间较大的部分会留下大量的褶皱，这些褶皱的方向与风向、地心引力或人为拉扯力动作的方向相一致（图2-29）。

所有人体关节的部分以及不同形体转折处会有发散状褶皱。两个关节之间，如肩关节到肘关节、肘关节到腕关节、膝关节到踝关节，往往会有斜向的衣纹。

绘制衣纹时，我们不求面面俱到，只画出最为主要的衣纹，其他多余的衣纹要适当省略。这也是我们对着装人体进行画面表现时所做的提炼与概括。

三、服装人体动态模板着装

1. 着装人体的构图

在表现服装时，即使裸露的皮肤再少，我们也应该清楚地知道被服装遮挡住的人体结构与动态。

我们可以准备好人体动态模板，然后练习在上面添加衣服。除了一些静止状态下的服装，我们还可以表现一些有动态效果的服装，尤其是这些柔软、轻薄的面料，在静止时它的轮廓很可能非常平淡，不能突出设计特点，在描绘时应加入一点虚拟化的风的效果，进而突出它的宽松与轻柔。这样也便于我们构图时占据更大的纸面空间，使画面更加饱满，表现效果更加生动。值得注意的是，在进行构图时，应为飘起的服装留出足够的空间使画面构图更加协调（图2-30）。

2. 着装人体动态的选择

绘制着装人体时，应该选择与服装风格相一致，与最能表现该服装设计特色的人体动态进行搭配。

（1）根据服装风格选择人体动态

例如，正统经典风格的服装可考虑选择较为优雅、端庄的姿势[图2-31（a）]，女性化风格的服装选择柔美、妩媚的姿势[图2-31（b）]，休闲风格的服装选择放松、自然的姿势[图2-31（c）]，运动风格的服装选择活泼、调皮的姿势[图2-31（d）]，街头风格的服装可选择行走中的姿势等[图2-31（e）]。

图2-29　人体着装的衣纹处理

图2-30　着装人体动态的构图表现

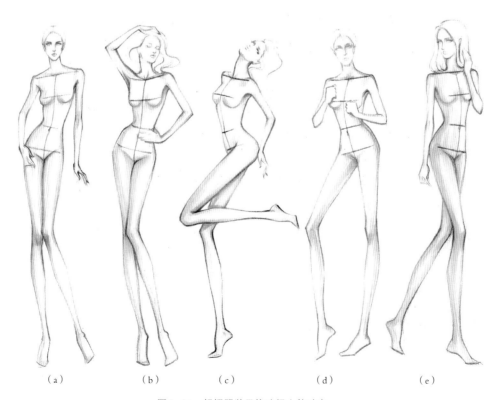

（a）　　　　　　（b）　　　　　　（c）　　　　　　（d）　　　　　　（e）

图2-31　根据服装风格选择人体动态

（2）根据设计特色选择人体动态

此外，如果该服装的设计特色主要在侧面或者背面，我们应该选择相应的侧面或者背面的人体动态来表现（图2-32）。

女性人体的手臂和腿部经常有着戏剧性的动态变化：夸张的双臂动态能充分地表现出体积庞大的袖子；夸张的腿部动态适合表现大摆裙或者裤装，但不适合表现铅笔裙或迷你裙。

3. 着装人体动感表现

在静止的人体动态不能满足画面表现需求时，可以根据一些时装摄影抓拍的照片素材来绘制一些更具动感的动作，如那些跳起来、跑起来、转起来的模特演绎出服装鲜活的生命一样（图2-33），作画时同样可以运用这样的运动感使画中的人体跃然纸上。

图2-32　披风款裙装与侧面人体动态　　　　　图2-33　突显运动感的着装人体动态

四、着装质感与体量表现

即使不上颜色，我们也能通过不同粗细、浓淡、轻重的轮廓线来表现服装的硬、软、厚、薄、紧实、蓬松等质感。例如，在表现薄而硬挺的面料材质时，轮廓线趋于直、方而

连贯，结构清晰，明暗分片明显，明暗
过渡较硬（图2-34）；在表现厚实材质
时，建议用粗犷、肯定的线条；表现毛
茸茸的柔软材质时，用颜色浅而抖动的
线条……

　　建议通过不同疏密的褶皱塑造出服
装的造型与体量感。我们用弯曲的轮廓
线画出花苞造型的裙摆，用平直的轮廓
线表现长而拖地的裙摆（图2-35）。

图2-34　面料薄而硬挺的外套

图2-35　2016年奥斯卡颁奖典礼 礼服裙的体量感与垂褶

第三节　服装人体上色

一、不同色调和明度的肤色表现

1. 皮肤影调

（1）人体轮廓线的处理

我们常常用柔和的灰度影调来表现人体的立体感和皮肤的明暗关系。在勾勒轮廓时就应该用有粗细变化和力量变化的线条来表现人体。所有骨点和关节的部分要进行强化，表现一点力度，这些关节主要包括颈部、肩点、肘关节、腕关节、背部、髋关节、膝关节、踝关节。勾勒轮廓时须注意控制呼吸，在画关节部位的时候换气，在画肌肉部分的时候尽量屏住呼吸，一口气勾勒连贯的线条。除去关节部分以外的肌肉部分，轮廓线应该尽可能的连贯而有弹性，既不过于僵硬，又不过于松软，应该表现出优雅、微妙的弧度。整体来说，描绘人体裸露部分所用的线条比服装的轮廓线更加细而柔和。

（2）皮肤明暗关系的处理

人体肌肤光滑，影调柔美，所以除去关节部分需要加强对比以外，其他部分暗部与亮部明度差异不宜太大，只需稍微加深凸显立体感

图2-36　人体的黑白影调

即可。图中用水彩毛笔蘸取稀释后的防水墨水勾线并着淡淡的影调（图2-36）。

　　绘制上色的人体时，可以先用稀释后的防水墨水在铅笔稿上淡淡地勾勒出人体的轮廓，然后再用水彩上色，上色部分表现出人体的体积和明暗影调（图2-37）。

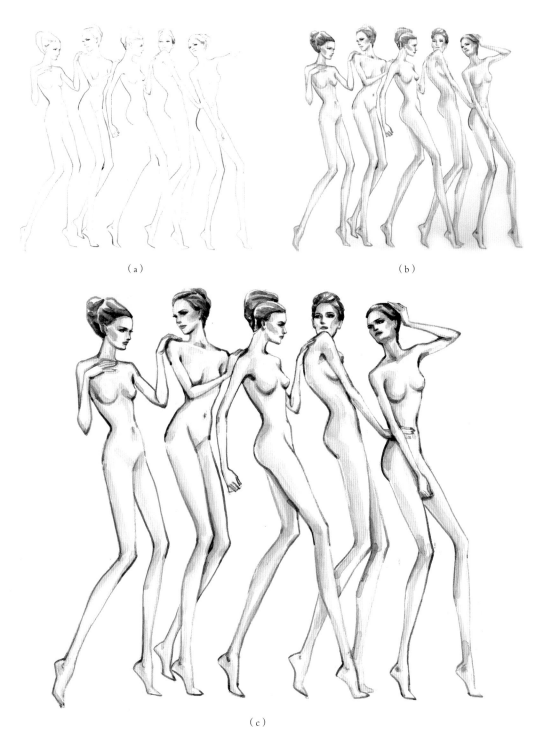

（a）

（b）

（c）

图2-37　水彩着色人体明暗影调

2. 皮肤色调

人们的肤色变化千差万别，有不同明度的深浅变化，还有偏玫瑰色、偏黄、偏褐色、偏冷色等不同的色调。我们在表现服装服饰时会选用最能衬托产品固有色的肤色来完成画面。最简单的是运用不同的明度来相互映衬，如表现白色的服装，往往会选择较深的肤色，或者较透明的粉色皮肤；而表现灰调子的服装，会用较明亮的肤色来衬托；在表现极为鲜艳颜色的服装时，建议降低肤色的纯度，选用更柔和的皮肤颜色。但是尽管肤色色调变化很大，在绘制时装画时，每位作者还是会有自己最常用和最青睐的皮肤色调。正因为如此，在用水彩绘画肤色的时候，很少用肉色颜料直接画，一般都需要一些颜色的调配来获得理想的肤色。掌握以下几种不同明度的皮肤色调是非常重要的，即使你的调色盒中只有三原色，也一样可以调出想要的肤色。

（1）象牙色皮肤

这是最为淡雅和明快的肤色，如果你没有很多色的颜料，只需要用水彩颜料里最基础的柠檬黄和洋红（也可用品红、绯红、玫瑰红等偏冷的红色）相调配，再用水进行稀释就可以获得。如果想要肤色更偏冷、更灰一些，也可以在这个颜色基础上加入一丁点的群青，但是一定要非常少量，不破坏肤色的本色（图2-38）。调配出中等浓度的肤色以后，再加入更多的水进行稀释后就是皮肤亮面的颜色，而暗面影调的部分就是水较少、较浓郁的肤色。肤色亮面最凸起的部分应该有小面积的高光，如鼻梁、脸蛋、下巴、额头、眼角，但是面积不宜过大，除去鼻梁是条带状，其他部分可以留成椭圆形。如果不是特殊需要，调出一种肤色就可以通过加水多少控制深浅而完成整幅画面的肤色，不需要表现肤色的冷暖变化。

图2-38　象牙色皮肤

（2）亚洲人肤色

　　相对于白种人，东方人的肤色中所含的黄色和洋红的比例更加均衡，几乎是1∶1，同样用加水来稀释颜色，表现明暗关系。暗面最深的部分，如轮廓线的部分还可以加入少量红棕色来降低颜色的纯度（图2-39）。

图2-39　亚洲人肤色（作者自画像）

（3）巧克力色皮肤

　　深色的皮肤也较常用，这时需要在象牙色皮肤或亚洲人肤色的基础上掺入一部分棕色调
（土色调），使颜色加深（图2-40）。注意，亮面的面积要比画浅色肤色留得更小，高光部分
的面积则更小，大面积都应该是中等明度，暗面和轮廓线部分比较深。调配巧克力色皮肤所
需要的技巧是不要过于鲜艳和偏暖，要控制肤色明度和纯度适中，色相比较均衡。

图2-40　巧克力色皮肤

二、肤色上色步骤

笔者绘制时装画的方法是由淡彩法演变，并在此基础上进行深入和强化而来。这种方法的关键在于上色之前须预先用稀释后的防水墨水处理轮廓，而不是在铅笔稿上上色。

1. 穿着内衣的半身人体

用貂毛尖圆头西洋水彩毛笔在铅笔完成稿上勾勒人物的轮廓，注意笔触保持长而连贯，张弛有度，在关节和骨点的部位强化，肌肉部分柔和而有弹性。人体的外部轮廓和内部结构都要勾勒，人物面部的五官要加强。等这层淡墨线干透以后，按照上文的介绍调配出肤色的固有色，并将它用水稀释，再在海绵上吸去笔头一部分的水分，保持笔尖润滑流畅，水分适中。这时就可以铺上大面积的肤色，注意，第一层颜色较淡，空出高光，其余部分全部铺满。然后用同样的方法调出头发的固有色，并铺上除去高光以外的亮面和暗面的颜色，同时画出眉毛和上眼睑，这是因为眉毛和睫毛的颜色往往与头发是一致的。待皮肤和头发的固有色都铺好以后，我们再整体地加深暗面，也就是用刚才调配出的比较浓郁的肤色加深暗面，尤其是五官、头发的阴影和所有的骨点关节都要强化。在头发的固有色中加入深褐色就可以描绘头发的暗面。这时会发现，人物的立体感被加强了，然后再调出眼珠和嘴唇的颜色。最后，我们再在浓郁的肤色里加入一点褐色来加深它，然后再加强人物的轮廓，这步骤使人物更加立体，形态更为肯定。

总而言之，整幅画面的完成是由轮廓到色彩再到轮廓的步骤。而铺色的顺序是由大面积逐步到小面积，由浅色调逐步到深色调的过程（图2-41）。

2. 肤色与种族

当同一幅画面中出现不同明暗的肤色时，我们需要整体地去把握肤色，使画面的色调和谐统一，而不是单一地去观察画中某一个人物的肤色。即使他们的肤色和发色都不相同，我们的上色步骤也是同步完成的。

画面完全干透以后，用浓郁的黑色防水墨水和毛笔加强轮廓，注意不要满满地勾上一圈，而是局部加深，笔触两端是尖锐而锋利的。加深两个人物之间的颜色以区分她们的前后关系。在她们的头发、瞳孔、嘴唇、珠宝上用高光白颜料点上高光。除此以外，还要用稀释后的防水墨水画上投影，使人物在画面当中凸显出来（图2-42）。

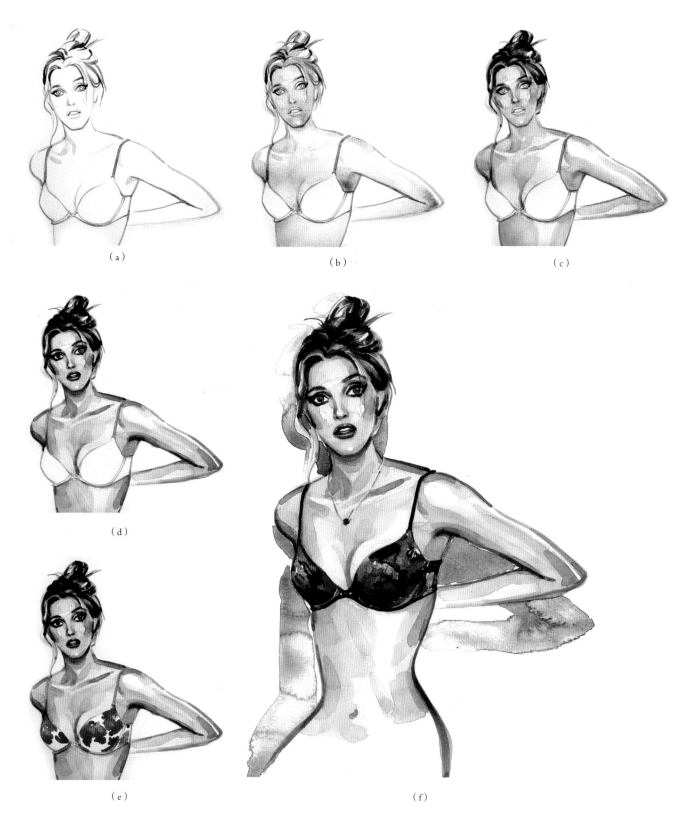

（a）　　　（b）　　　（c）

（d）

（e）　　　（f）

图2-41　穿着内衣的半身人体

（a） 用防水的淡墨勾勒所有人物的轮廓

（b） 大面积铺上两种肤色的中间色调

（c） 用比之前浓郁的肤色画出柔和的暗面影调

（d） 调配两种发色，画出头发的中间色调及一些暗面影调，包括眉毛和眼睛

（e） 加深五官的深色调和暗面，如眉毛的暗面、上眼睑、瞳孔、鼻底、嘴唇，下巴在颈部的投影以及头发在面部的投影

（f） 完善画面中服装和饰品的细节刻画，调出之前空白的一些小面积的颜色

（g） 完成图

图2-42　不同肤色人物组合

第三章｜时装画中的人体细节

CHAPTER

这里所说的人体细节主要是指头、手和脚，它们在整个人物的画面中占据的面积并不大，却起到了极为重要的作用。我们不需要把人体细节画得过于引人注目，它们应该完全融入到画面中，但是如果没有掌握这几个部分的表现方法，想在画面中避开它们，一笔带过，这些部分反而会变得更为醒目，成为画面中的弱点。

想要成为一名好的作画者，我们可以对这几个部分进行单独训练，直到掌握它们，使它们成为画面中的精彩细节。况且，我们还时常需要单独把这些人体的局部进行放大，以便我们表现头饰、妆容、珠宝首饰和服饰配件。

第一节　头部

在表现全身人体的时装画中，头部占据了至少九分之一的人体，在半身构图中则占的面积更大，是时装人体中最重要的细节。

人物的头部有着丰富的内容，包括五官、妆容、发型、神情等。不同时代的审美和流行在不断变化，可以通过妆容和发型来体现当时特有的流行风潮。

"时装脸"不同于普通的脸，每一个时代的人们心中理想的典范不同，随着时间发生变化，这就是发型、妆容的风格变迁，人们通过对发型和面部的修饰来创作出一种典型的风格。20世纪，"时装脸"的风格每十年就产生很大的变化，而每个时代也都会有一些女性成为当时最具代表性的理想典范。

一、人物面部与五官

1. 面部划分

为了帮助初学者绘制服装人物的头部，我们以头长和脸长为参考在头部划分五官的区域。这是比较常见且不易出错的五官比例关系。

图3-1中，红色线条代表以头长为单位所划分的面部比例，头长是前面章节划分人体比例用的单位。我们画出鹅蛋形的头部，从头顶到下巴就是一头长。1/2头长的位置是眼睛所在的水平线。上面1/6头长的位置是发际线。发际线以下到下巴的部分（5/6头长）即为脸长。图中的蓝色参考线条是以脸长为单位进行划分的。面部呈鹅蛋形，额头圆润，脸颊和颧骨部分微微突出，线条饱满，然后下颌骨逐渐内收，下巴尖尖的。

对脸长（5/6头长）进行三等分。1/3脸长的位置是眉头所在的水平线，2/3脸长的位置是鼻底所在的位置。从眉毛到鼻底之间的距离是耳朵的位置。将鼻底到下巴的距离再三等分，这段距离上1/3是口裂线所在的位置。从正面看，1/2头长是脸的宽度，鼻子的中心线是面部的中轴线。从侧面看，整个面部五官的起伏在基于鹅蛋形的轮廓上发生一些微妙的曲线变化，充满节奏感。头部的轮廓非常圆，到颈部开始内收，连贯地表现出略微向后倾斜的颈部。面部和头部的厚度和空间感比较清楚地呈现出来。

图3-1 头长、脸长及五官的位置

2. 五官

眼睛（图3-2）在面部起着非常重要的作用，眼睛的形状、神态几乎决定了整个面部的风格。从正面看，眼睛是杏仁形状的，因为上眼睑有睫毛在眼球上的投影，而下眼睑是直接受光的，所以上眼睑的轮廓比下眼睑要深，上下眼睑都要画出厚度。上眼睑的上面画出眼窝的阴影，内眼角轻轻地画出泪腺，外眼角是上眼睑包裹住下眼睑。在画上下眼睑的时候，注意上眼睑的弧度要比下眼睑更明显，上眼睑靠近内眼角处弧度更加突出，外眼角处相对平缓；下眼睑是内眼角处更加平缓，外眼角的弧度相对明显。注意外眼角比内眼角的高度稍微高一点，眼睛显得比较有精神。画睫毛的时候加强上眼睑眼尾部分的睫毛，眼睛正中间的睫毛由于透视关系所以不太明显。

眼睛的黑眼珠占眼睛大于1/3、小于1/2的面积，是圆球形，眼球上半部分被上眼睑遮住了一点点，而下半部分露出来完整的球形，中间圆心的位置画出漆黑的瞳孔和一小点高光，注意把上眼睑在眼球上的阴影表现出来，这样眼睛显得十分深邃。

眼球颜色也有深浅变化和不同的色调，东方人的眼睛是棕黑色，而西方人的眼睛除了棕色，还有灰色、蓝色、绿色、黄褐色等，眼球颜色不要画得过于鲜艳，而显得不真实和令人感到恐惧。注意，画眼球的时候可以将其理解成透明的玻璃珠，要在眼球下半部分留出较亮的反光。

从侧面看，眼睛的杏仁形好像被切掉一半，眼睛的上眼睑比下眼睑靠前，眼窝靠后，突出眼窝的深度和眉弓的高度。这时，上下眼睑的厚度也比较明显，眼球被包裹在上下眼睑之间，是一个椭圆形。上眼睑的睫毛很长，向上翘起。

眉毛在眼睛的上面，眉型千差万别，但是基本特征是眉头在内眼角上面的位置，眉梢比眼睛略长，眉峰在眉毛后1/3处。画眉毛时，注意要画出眉毛的立体感，所以底部要加

图3-2　眉毛、眼睛

一个暗面，眉头要自然，一根根地画出眉头，眉峰要有柔和的起伏，眉梢要锋利，显得利落而有精神。画眉毛的笔触应该顺着眉毛生长的方向，从前向后斜着画。从侧面看，眉头应该在眼睛的前方，以表现出眉弓。

　　鼻子（图3-3）在所有五官的表现当中不是一个重点，相对于眼睛和嘴，它往往是被简化表现的，因为过于突出地表现鼻子不利于人物面部的美感，我们通常把鼻梁表现得挺直，鼻头、鼻尖和鼻孔表现得小巧秀美，不那么抢眼，以衬托眼睛和嘴。

　　鼻子除去鼻孔以外，实际上并没有其他五官那样鲜明的轮廓，它是突出来的形体，从正面看，鼻梁两侧只有影调，只有从侧面或者3/4侧面才能看到一条清晰的鼻梁轮廓线。鼻孔长在鼻底，是朝下的，所以我们画出的鼻孔是比较平缓的轮廓。绘制鼻子正面的时候是先勾勒出鼻孔，加深鼻底的影调，然后在眼窝和鼻梁的两侧用轻柔的影调去表现鼻子的高度，鼻底的影调比鼻梁两侧的影调要深。如果是侧面和3/4侧面的鼻子，我们就勾勒出鼻梁、鼻尖、鼻底的轮廓，再画出离我们近的这侧的鼻孔。鼻根是稍稍内收一点的弧度，鼻翼省略。

　　嘴巴（图3-3）和眼睛一样都有丰富的表情，它的固有色调比整个皮肤要深一些。注意上下唇的外轮廓不要表现明显的轮廓，只在口裂线的部分勾勒。我们把口裂线画成一条平缓的拉长的"M"形，中间缓缓突起就是上唇结节。口裂线的形状决定了嘴的表情，这条线的两端上翘是微笑的表情，朝下是沮丧和生气的表情，时装画中常常表现出放松，自然的表情。

　　口裂线的上半部分画出上唇的厚度，下半部分加深影调表现上唇在下唇上的投影，弱化上下唇的外轮廓，在下唇轮廓部分画一些投影表现下唇的立体感，并画出嘴唇与下巴之间的颏唇沟。可以稍微表现一点唇纹以增强嘴唇的质感。

　　从侧面看，嘴巴的上嘴唇比下嘴唇更靠前，颏唇沟比人中的位置靠后，嘴唇的立体感较为明显。

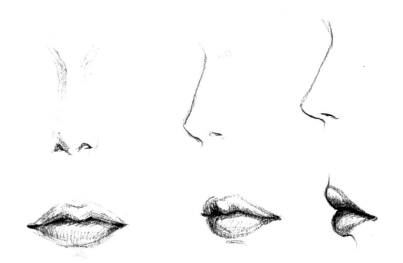

图3-3　鼻子、嘴巴

二、不同角度的人物头部表现

1. 正面

正面头部的五官比例最为清晰，表现得对称最为关键（图3-4、图3-5）。

图3-4　正面人物头部表现1　　　　　　　　　　图3-5　正面人物头部表现2

2. 侧面

侧面人物最难掌握的是侧面脸部的轮廓线，应该反复练习从发际、额头、鼻根、鼻梁、鼻尖、鼻底、人中、嘴唇再到下巴、颈部的这条连贯曲线（图3-6），表现侧面脸部的起伏。不完全侧过去的时候，还能露出一点远处那只眼睛和颧骨的轮廓（图3-7），近处的眼睛不要画得太靠近鼻梁，要留出鼻梁的高度（图3-8）。

图3-6　正侧面人脸　　　　　　图3-7　侧面人物头部表现1　　　　　　图3-8　侧面人物头部表现2

3. 3/4侧面

在表现人物肖像时，不论是摄影还是肖像画，经常用3/4的角度，因为这个角度能非常清晰地体现人物面部特征，但又比正面显得更加生动。

画3/4侧面头部时（图3-9），先定出头顶和下巴的位置，找出发际线的位置，画出脸部的轮廓，这条轮廓线勾勒出额头、眉弓、眼窝、颧骨、脸颊、下巴和一点点的下颌骨。五官的位置依然根据上文所提到的比例关系。远处那一侧，外眼角、嘴唇都消失了一部分，应该弱化表现，这时能够清晰地看到鼻根、鼻梁、鼻底的轮廓（图3-10）。正对着观众的眼睛十分吸引观众眼球，耳朵的形状也非常清晰。下巴靠后的位置画出颈部的轮廓，注意留出下巴到颈部之间的距离（图3-11～图3-13）。

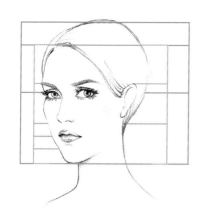  

图3-9 3/4侧面

图3-10 3/4侧面人物头部表现1　　图3-11 3/4侧面人物头部表现2　　图3-12 3/4侧面人物头部表现3　　图3-13 3/4侧面人物头部表现4

4. 仰头与低头

　　仰头时，发际线上移靠近头顶，人物面部的眉毛、眼睛、鼻子和嘴唇的口裂线都呈现出向上弯曲的弧度。由于近大远小的透视关系，下颌相对被放大，而额头则看上去更短、更窄。耳朵的位置与眼睛和鼻子相比显得比较低，眼睛与眉毛之间的距离显得较大，鼻子被缩短，略微上扬后能够看到一小部分鼻孔。从发际线到头顶的距离明显变小，几乎看不到头顶，颈部显得比较长。仰起的头部有时候能营造高傲和优雅的风格，尤其是脸部上仰，眼睛看着观众的时候，颈部线条十分修长，模特显得更加高挑（图3-14～图3-15）。

　　低头时，发际线下落，露出头顶，人物的五官呈现出向下的弧线，额头显得宽大，下颌显得瘦削而短，人物的耳朵与眼睛鼻子相比位置靠上，颈部由于被头部挡住视线，所以显得缩短，能够看到肩膀，低头的模特便于用来表现魅惑的神态（图3-16）。

图3-14　仰头1

图3-16　低头　　　　　　　　　　　　　　　图3-15　仰头2

三、头发

头部除了面部和五官之后就是头发。

画头发时把整头的头发分成发束，根据梳头的方向来刷上发色，笔触与头发长度相同，不要间断。每一束头发的方向会有些不同，有些在肩部前面，有些向后。表现头发一定要概括成大面，不要一根根去画它。

头发靠近脸和颈部的部分颜色加深，外轮廓要柔和，表现得比较虚而松动，才有空间感（图3-17）。每一束头发之间也可稍微加深。头发上明暗分片的形状与头发的长度和弯曲程度相对应，直发高光带较大、较集中，卷发的发卷越小，高光形状越小，越分散。

图3-17 头发的表现

1. 发色

表现头发时控制头发的色调，不能比服装更加抢眼，应该深沉、柔和。浅金色、金黄色、棕色、红棕色、灰棕色、深棕色和黑色是比较常见的发色。不管表现哪种发色，都要在亮面留出大面积的高光，发束之间是较深的暗面。调配自然发色的时候亮面的颜色比较纯净，纯度相对比较高，暗面偏冷。

2. 发型

（1）长直发

较长的直发每一束头发会朝着不同的方向下落，有一些在脸的两侧垂在肩膀前面，有一些垂

图3-18 长直发的表现

在后背。发梢的形态比较轻盈，笔触轻扫过去，形成一些"飞白"，而贴在头部附近的头发明暗对比比较明显，因为头部是立体感较强的球体（图3-18）。

（2）大波浪卷发

这种发型充满浪漫的女性化风格，可以借助头发优美的曲线来分割画面的构图，增添画面中的线条美感，有一些设计师非常擅长用卷发营造画面气氛（图3-19、图3-20）。

（3）中等波浪卷发

越是卷曲的头发，高光越被分散地分布在多个发卷上，而不是像直发那样连成一大片。注意在每一个波浪卷曲的部分留出一段高光以表现光泽（图3-21、图3-22）。

图3-19　大波浪卷发1　　　　　　　　　　　图3-20　大波浪卷发2

图3-21　中等波浪卷发1　　　　　　　　　　图3-22　中等波浪卷发2

（4）辫发与盘发

绘制辫发和盘发的时候，在头部不同的区域画出发束的分界线，注意应该是符合头部球体的曲线。辫发的每一束分布和形状都要勾勒出来以便于分区域上色表现，这里不适宜含糊的表达（图3-23）。留出头发高光的位置，应该与辫子和盘发发髻的形状相一致（图3-24）。

（5）短发

用干画法画蓬松短发的时候，毛笔中的水分一定要吸干，顺着头发的方向轻扫，每一笔就是一小束头发，留出的高光的形状也是干燥笔触带有"飞白"的（图3-25）。

表现卷曲的短发一定要凸显头部的立体感和附着在头部的头发的形状，如果是柔软的卷发，外轮廓用线也要柔和，借以体现出发卷的形状（图3-26）。

图3-23　辫发

图3-24　盘发

图3-25　直短发

图3-26　卷短发

四、妆容

妆容和发型都是服装服饰着装状态的一部分，能够辅助设计师传达风格与气氛。妆容是一门艺术，在对人物脸型、五官形状进行修饰的同时是个性化的表达和艺术风格的塑造。

1. 面部妆容

突出面部妆容的重点，使之时髦而不过分艳俗。表现妆容时切勿使用过多的颜色，如果妆容本身比较浓艳，则把肤色弱化，降低纯度（图3-27）。

在画好的"素颜"上加上化妆品的颜色，在表现妆容的时候切记要表现出面部的结构和起伏（图3-28）。

图3-27　妆容

图3-28　马克笔表现妆容

很多专业的美妆品牌有自己的面部美妆图表（图3-29），是一种单线勾出的面部轮廓，五官都是素颜效果，方便化妆师们用化妆品在纸上涂抹试色（图3-30、图3-31）以及设计妆容（图3-32～图3-35）。这些图表不仅要准确地表现出一张美丽面部五官的比例，还要有较强的辨识度，让人一眼就能由这张图表辨认出图表出自哪个品牌。

图3-29　用化妆品为美妆图表绘制妆效

图3-30　面部美妆图表

图3-31　上妆后的美妆图表

图3-32　美妆图表1

图3-33　美妆图表2

图3-34　美妆图表3

图3-35　美妆图表4

2. 眼妆

在绘制美妆插画之前，首先应该理解不同美妆产品的功效，准确地用绘画的语言和技巧表现出它的质感和美化功效，让顾客理解产品的作用，而不是完全脱离产品本身的不真实的效果；同时，画面要具有一定的广告效应，表现画面人物最美的状态，甚至比真实的照片有更加理想化和艺术化的效果，以刺激顾客的购买欲。

（1）较自然的眼妆

下面是黄褐色（图3-36）、灰蓝色（图3-37）和灰绿色（图3-38）的眼珠颜色。和化妆的顺序一样，我们先画出大面积肤色的底色，然后加深暗面加强立体感，让眼窝陷进去，眼角转过去，然后画出眉毛的整体颜色，完成以后再用眼线强化眼睛的轮廓，用细细的笔触一根根描绘眉毛的立体感和质感，最后再画出睫毛。

（a）　　　　　　　　　（b）　　　　　　　　　（c）

（d）　　　　　　　　　（e）　　　　　　　　　（f）

图3-36　黄褐色眼妆效果

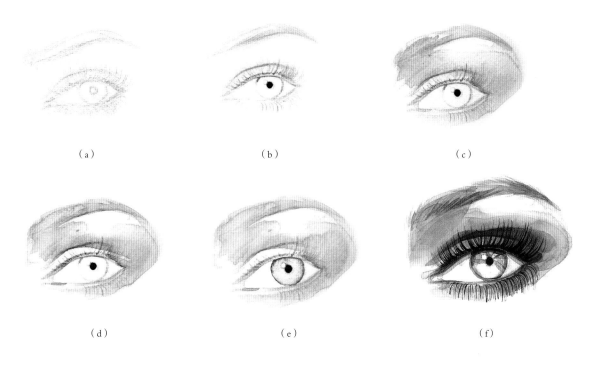

（a） （b） （c）

（d） （e） （f）

图3-37 灰蓝色眼妆效果

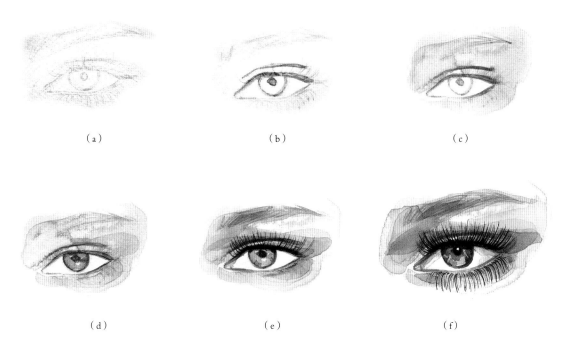

（a） （b） （c）

（d） （e） （f）

图3-38 灰绿色眼妆效果

（2）眼线妆容

即使是漆黑的眼线，也不要忘记它有光影变化，有些地方偏亮，有些地方极黑，而不是一块平均的黑色。甚至在黑色颜料和墨水都不够黑的时候，我会直接用浓黑眼线液去勾画眼线最黑的暗面（图3-39～图3-42）。

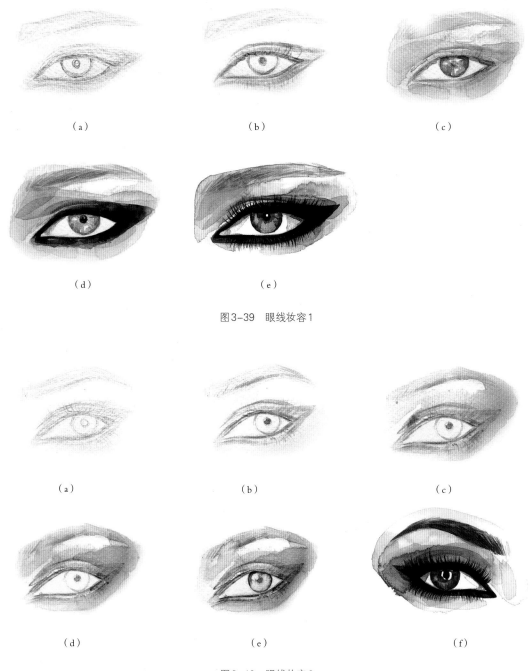

（a）　　　　　　　　　　（b）　　　　　　　　　　（c）

（d）　　　　　　　　　　（e）

图3-39　眼线妆容1

（a）　　　　　　　　　　（b）　　　　　　　　　　（c）

（d）　　　　　　　　　　（e）　　　　　　　　　　（f）

图3-40　眼线妆容2

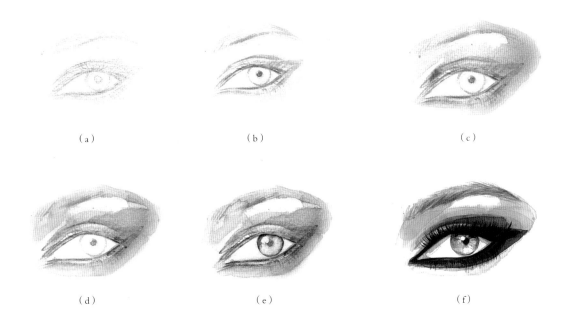

（a） （b） （c）

（d） （e） （f）

图3-41 眼线妆容3

图3-42 马克笔绘制的眼妆

（3）不同妆效的睫毛膏妆容

这是一组睫毛膏的眼妆表现。表现睫毛以前，先完成眼睛的描绘，然后用较深的肤色画出每一根睫毛在眼部的投影，然后再以由淡到浓、由疏到密的顺序画三次睫毛，不断加深加密，外眼角上眼睑的睫毛最为浓密，用最浓郁的墨水完成。最后再用高光墨水掺入水彩颜色调出亮灰色来为每一根睫毛画出微弱的高光，使睫毛更立体（图3-43）。

图3-43　为某品牌绘制的浓密卷翘睫毛膏（上）和双重妆效睫毛膏（下）的眼妆说明

（4）充满色彩、质感变化与艺术效果的眼妆

图3-44～图3-49中表现出了立体感极强的眉弓、眼窝。先画出肤色及其明暗，其次才是浮在表面的妆效。这些是单只眼睛放大的效果，如果纸面上头部较小，则应该更加概括地按照这个步骤来表现眼睛。眉头表现得较柔和，有立体感和质感。有时候可以在妆容上加一点与服饰相同的元素来呼应（图3-50）。

（a）　　　　　　　　　（b）　　　　　　　　　（c）

（d）　　　　　　　　　（e）　　　　　　　　　（f）

图3-44　艺术效果眼妆1

（a）　　　　　　　　　（b）　　　　　　　　　（c）

（d）　　　　　　　　　（e）　　　　　　　　　（f）

图3-45　艺术效果眼妆2

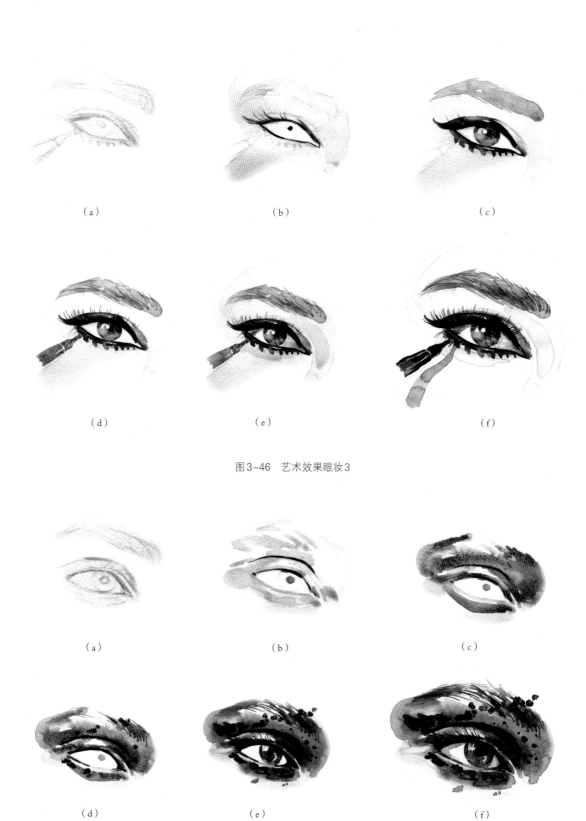

（a）　　　　　　　（b）　　　　　　　（c）

（d）　　　　　　　（e）　　　　　　　（f）

图3-46　艺术效果眼妆3

（a）　　　　　　　（b）　　　　　　　（c）

（d）　　　　　　　（e）　　　　　　　（f）

图3-47　艺术效果眼妆4

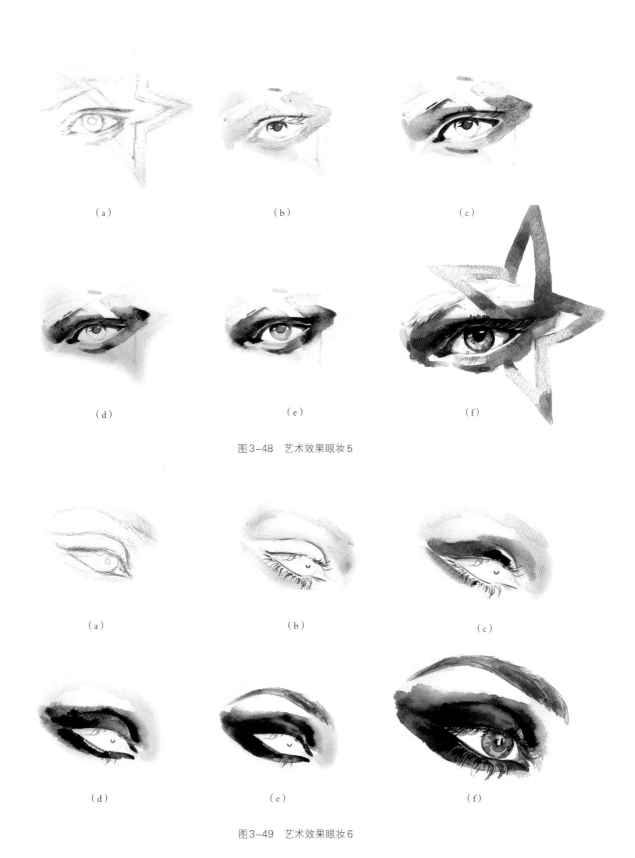

（a） （b） （c）

（d） （e） （f）

图 3-48 艺术效果眼妆 5

（a） （b） （c）

（d） （e） （f）

图 3-49 艺术效果眼妆 6

图3-50　充满色彩、质感变化与艺术效果的眼妆

3. 唇妆

通常在表现嘴部的时候，我们会画出流行的唇色，唇色也需要与眼睛、头发、服装风格相互协调，常见的有低调的裸色、温柔的粉红色、明艳的大红色以及酷酷的红黑色。质地也从哑光（图3-51）、珠光（图3-52）到亮泽（图3-53）十分丰富。化妆师们有时候还会在唇妆中加入亮片、闪粉等元素，使之更有戏剧性和表现力（图3-52）。表现嘴唇的时候，有些是张开嘴露出牙齿的表情，我们需要用深色表现口腔，以衬托雪白的牙齿，还需要用灰色调在上嘴唇下面画出嘴唇在牙齿上的阴影。

图3-51　哑光渐变唇妆

图3-52　珠光唇妆

图3-53　亮泽唇妆

五、佩戴帽子、头饰的头部

绘制时装画时，我们经常需要表现一些与之搭配的头饰。头饰风格多样，要注意平时资料的收集与记录。如果你致力于从事服装设计专业的工作，那么资料收集将占据工作上的很大一部分精力，不断丰富头脑中的数据库，不知道哪一天它就会成为你的设计灵感来源。

精致的头饰和帽子往往需要戴在模特的头上才能凸显它们的设计特色，搭配适当的发型，与模特的美丽面容相衬，显得更加精致。在表现头饰和帽子的时候，选择一些角度完美的肖像时装摄影十分重要。如果是胸像，头部至少应该占到画面1/2以上的高度，可以在头顶多留一些空间用于表现帽子。

在表现女帽时，应该从设计师的角度考虑他们的构思，尽可能完整地体现设计师所运用的不同材料。用最优美和极致的角度和构图去表现，还要给头部留出足够的空间，画出帽子的立体感和遮在面部、头发上的阴影。

在这类题材当中，在头饰上所用的笔墨最多，画面其他的部分应该简洁、概括地表现。模特的五官方面可以着重表现眼睛的神采。

图3-54是作者为*Vrai Magazine*所作介绍不同脸型搭配不同女帽主题所创作的插画：宽边软帽搭配长方脸（右上），费朵拉帽（Fedora）或圆顶礼帽搭配圆脸（左上），钟形帽搭配方脸（右下），长缘帽搭配桃心脸（左下），鹅蛋脸适合任何帽子（中间，图中是贝雷帽）。

Round

Rectangula

Oval

Heart

Square

图3-54　不同帽型与脸型

图3-55　作者为纽约女帽品牌Z-MALAN创作的时装画

　　如果要表现的头饰是侧戴的造型，应该考虑把头部布置在偏一点的位置，使头饰更接近画面的上半部分的中心（图3-55）。要衬托浅色的头饰，有时候需要深色背景（图3-56）。

图 3-56　侧戴头饰作品

　　有一些头饰的设计重点不是色彩，而是造型和材质，尤其是一些复古风格的头饰，我们用黑白为主的色调来表现。为加拿大女帽品牌外壳帽业（Coque Millinery）绘制的时装插画就只用了黑色墨水和白色高光墨水来突出头饰，它的整体感觉与过去的黑白照片类似，低头的角度更好地展示出这顶花朵形状的白色网纱小礼帽，而头发和面部都表现得比较概括和简洁，黑色的头发和另一侧浅灰色的背景都能够衬托出白色的帽子（图3-57）。

　　图3-58中是黑色羽毛小礼帽，整个人物的面部、头发都表现得比较简约，皮肤表现了轮廓和五官暗面的肤色，只有嘴唇、礼品袋和金色手镯等局部运用了彩色。

　　图3-59～图3-61为多种风格头饰的时装画表现效果。

图3-57　白色网纱礼帽　　　　　　　　　　图3-58　为加拿大女帽品牌外壳帽业创作的时装插画

图3-59　头饰作品　　　　　　　　　　图3-60　时装品牌Thom Browne秀场上的Stephen Jones帽子系列

图3-61 Dolce & Gabanna品牌服饰图

六、20世纪女性头部风格变迁

回顾20世纪100年间的流行，我们会发现妆容的发展变化与服饰流行相一致，充满时代的烙印。

20世纪初一直到"一战"爆发以前的时期被称为"美人时代"，这时女装还没有完成现代化转型，女性们依旧流行穿紧身衣，修长的腰身和拖在地上的裙裾使女性的体态看起来像拉长的"S"造型，发型是将一头亮丽的长发高高地盘在头上，露出修长的颈部，妆容也十分温柔、典雅（图3-62）。

20世纪20年代被称为"男孩时代"，这时最具特色的是深色的贴耳短发，抹上发蜡，使头看起来非常小，身材比例显得更修长，默片时代的女明星露易丝·布鲁克斯（Louise Brooks）的短发造型就是这一时期的理想典型（图3-63～图3-65）。

20世纪30年代是好莱坞的黄金时代，这一时期流行风情万种的中长浅金色的卷发，典型的代表人物是好莱坞女星让·哈洛（Jean Harlow），她的金发浅到接近白色，眉毛被修饰成一条弯弯的细线，妩媚动人的睫毛和轮廓清晰的红唇搭配脸上的美人痣，非常性感撩人，同一时期还有格丽泰·嘉宝（Greta Garbo）、玛琳·黛德丽（Marlene Dietrich）等女星的形象同样光芒四射，后者的形象曾是著名设计师加里亚诺为迪奥品牌高级时装设计的灵感来源（图3-66～图3-68）。

图3-62　"美人时代"女性头部风格

图3-63　20世纪20年代女性头部形象：露易丝·布鲁克斯　　图3-64　20世纪20年代女性头部形象：加布里埃·香奈儿

图3-65　20世纪20年代女性头部形象　　　　　　　图3-66　20世纪30年代女性头部形象：让·哈洛

图3-67　20世纪30年代女性头部形象：格丽泰·嘉宝　　图3-68　20世纪30年代女性头部形象：玛琳·黛德丽

　　20世纪40年代的流行深受第二次世界大战的影响，显得成熟稳重，发色变得深沉，卷曲的中长发落在肩部，呈现出比前十年更为刚毅而独当一面的美。美丽的艾娃·加德纳（Ava Gardner）、凯瑟琳·赫本（Katharine Hepburn）等留下了很多代表这一时代流行的经典照片（图3-69、图3-70）。

图3-69　20世纪40年代女性头部形象：艾娃·加德纳　　图3-70　20世纪40年代女性头部形象：凯瑟琳·赫本

　　20世纪50年代是高级女装回归的黄金时代，战争的创伤已经一去不复返，时尚界蔓延着华美的浪漫情调，女性丰盈动人的曲线再度回归，好莱坞女星伊丽莎白·泰勒、玛丽莲·梦露的卷发与红唇留下了永恒的美丽记忆（图3-71、图3-72）。

图3-71　20世纪50年代女性头部形象：伊丽莎白·泰勒　　图3-72　20世纪50年代女性头部形象：玛丽莲·梦露

20世纪60年代流行贴耳短发 、浓密的假睫毛以及夸张的眼影。眼睛是整个妆容的重点，最有代表性的是名模崔姬的形象（图3-73～图3-77）。

图3-73　20世纪60年代女性头部形象1

图3-74　20世纪60年代女性头部形象2

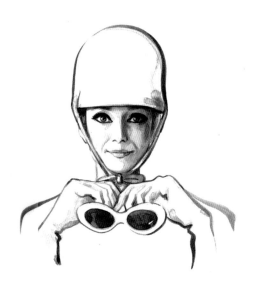

图3-75　20世纪60年代女性头部
形象：奥黛丽·赫本

图3-76　20世纪60年代女性
头部形象：崔姬1

图3-77　20世纪60年代女性
头部形象：崔姬2

20世纪70年代流行波西米亚风潮，妆容也随之变得感伤而自然，长发复归，艾丽·麦古奥（Ali MacGraw）、金发女郎组合的主唱黛比·哈利（Debbie Harry）等都是这一时代的代表人物（图3-78～图3-81）。

图3-78　20世纪70年代妆容形象1

图3-79　20世纪70年代妆容形象2

图3-80　20世纪70年代妆容形象3

图3-81　20世纪70年代妆容形象4

20世纪80年代的时尚张扬、狂野，也被称为"麦当娜（Madonna）的时代"（图3-82～图3-84）。

20世纪90年代是一个多元化的时代，或反叛或自然，不同肤色的模特同时出现在T台上（图3-85～图3-87）。

图3-82　20世纪80年代妆容形象1

图3-83　20世纪80年代妆容形象2

图3-84　20世纪80年代妆容形象3

图3-85　20世纪90年代妆容形象1

图3-86　20世纪90年代妆容形象2

图3-87　20世纪90年代妆容形象3

第二节　手

一、简化的时装手

　　手被称作是人的第二张脸，时装手是理想化的手，是对普通人的手部进行简化和美化之后的结果。画时装手会省略掉很多细节，以非常概括的修长直线来表现，手上的关节也只用一些角度表现出来。将食指、中指、无名指和小指上的关节表现成一条连贯的弧线，省略掉最靠近指甲的那一处关节，只表现手掌与手指的关节和手指中间的那一处关节，以及大拇指的关节与这四个手指的位置错落。手掌的长度与手指的长度相当，注意画出虎口，大拇指和其他四个手指不朝同一个方向（图3-88）。

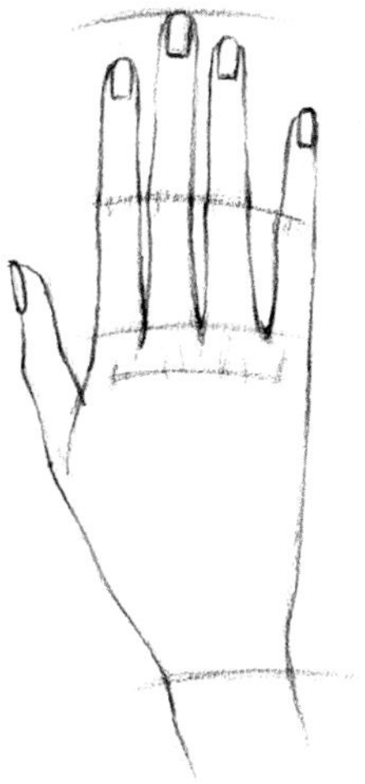

图3-88　时装手

二、常用的时装手动态

　　在表现全身时装画中的手时，通常简化表现，掌握常用的手部动作，不要一根根勾出手指，按照一整片来画出手指的轮廓，只勾出食指或者小指，手的表情主要体现在这两个手指其中的一个，中指和无名指连在一起画（图3-89）。

三、手的表现

1. 佩戴首饰的手

　　有很多为手设计的珠宝，注意表现出手指是圆柱体，手腕的截面是椭圆形（图3-90～图3-93）。

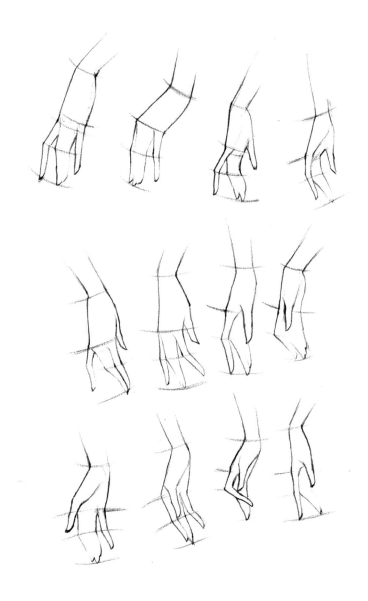

图3-89　常用的时装手动态

图3-90　佩戴珠宝的手1

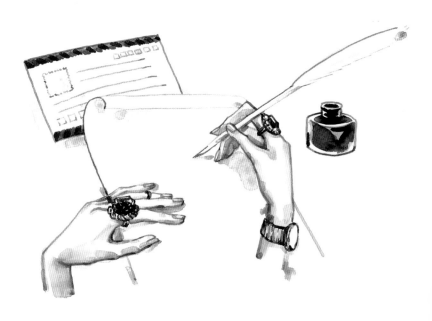

图3-91　佩戴珠宝的手2

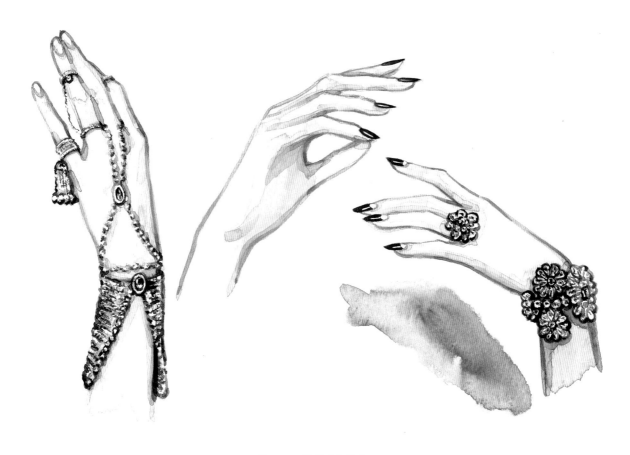

图3-92　佩戴珠宝的手3

图3-93　佩戴珠宝的手4

2. 拿东西的手

图3-94、图3-95展现的是拿东西的手是如何表现的，注意手与物体的透视关系。

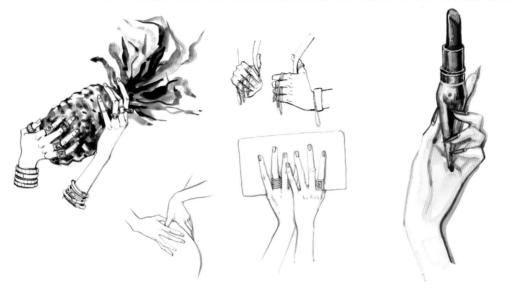

图3-94　拿东西的手1　　　　　　　　　　　图3-95　拿东西的手2

3. 富有表现力的手

在表现服饰品和妆容的时候，建议用婀娜多姿的手来丰富构图。手和面部在一起尤其具有表现力（图3-96）。

图3-96　富有表现力的手

第三节　腿与脚

一、时装画中的腿

　　腿由于要支撑身体的重量，动作不如手那么丰富，但是腿有优雅和性感的表现力。腿是服装人体中非常难画的部分，要把握好腿部线条离不开千万遍的练习。

　　脚分为脚弓、脚掌和脚跟几个部分（图3-97）。要表现出美丽的脚，一定要画好脚弓的弧度。脚弓的弧度要与小腿的曲线有圆顺的连接（图3-98～图3-101）。

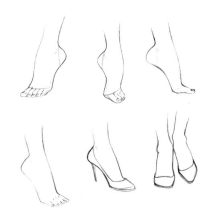

图3-97　脚

图3-98　腿与脚的表现1

图3-99　腿与脚的表现2　　图3-100　腿与脚的表现3　　图3-101　腿与脚的表现4

二、脚与鞋

鞋子包裹在脚上，轮廓要比脚稍大一点，边缘和绑带的部分要表现出弧度（图3-102、图3-103），注意高跟鞋的鞋跟与脚掌的前后透视，它们在一条向后消失的斜线上，一般来说鞋跟是垂直于地面的（图3-104、图3-105）。

图3-102 脚与鞋的表现1

图3-103 脚与鞋的表现2

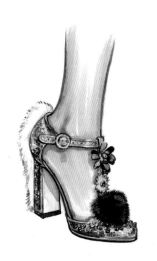

图3-104 脚与鞋的表现3

图3-105 脚与鞋的表现4

第四章｜时装画中的材质表现
C H A P T E R

第一节　服装材质表现

　　服装材质包含服装的面料和辅料，服装材料的运用与搭配是服装设计的重要内容，因此，在我们描绘服装时，追求概括而如实地表现出材料的质感。

　　这里所指的如实表现和写实绘画的表现方法有一些区别。在服装画的创作中，即便我们以实物图片作为参考素材，也并非像写实绘画（写生）那样完全依靠对对象的观察进行画面表现。而是通过对多种不同材质的特点进行比对，总结出不同材质之间的特点，用更为概括和简练的语言表现出对象，让观众能够在看到笔墨极少的时装画的时候，也能感受到画中服装的厚度、触感、重量等材质特点。这样的训练能让我们在绘制服装设计稿时（服装产品诞生以前），仅通过以往的创作经验和脑海中的设想就能表现出我们要表达的材质特点。

　　服装的材料有成千上万种甚至更多，我们可以从轻重、软硬、厚薄、光泽度等不同的角度对这些材料进行大致分类，以总结规律。

一、轻薄材质

　　轻薄的服装面料经常被用于制作夏装和礼服类服装。由于轻薄材质重量较小，在人体运动和风吹动时很容易飘动起来，因此我们常用飘动的状态来表现它们的质感，用弯曲的轮廓线和褶皱来表现服装的松量。图4-1中袖子、裙摆部分都非常宽松，用大量弯曲的线条描绘使模特看起来"走路带风"。不要勾勒过于生硬的轮廓线，可以用不太明显的较浅颜色处理服装轮廓。在水彩上色时，多用湿画法来进行晕染，使明暗变化更为柔和，也能增强轻薄质感（图4-2、图4-3）。

图4-1　詹巴迪斯塔·瓦利（Giambattista Valli）品牌2017春夏高级定制

图4-2 詹巴迪斯塔·瓦利品牌2016秋冬高级定制

图4-3 詹巴迪斯塔·瓦利品牌2017秋冬高级定制

二、厚重材质

在表现厚重材质时，应稍放大服装的外轮廓，表现出服装与人体之间的较大空间以及服装面料本身的厚度。在领部、袖口、底摆等处，尤其要表现清楚服装的厚度。较重材质用更粗犷、颜色更深的线条来勾勒轮廓，用线相对平直。如果表现有填充物的材质如棉服，应该加强亮面与暗面的深浅对比，使之有更强烈的体积感，另外还应该为模特画上投影，以辅助表现厚重材质（图4-4）。

┃步骤┃┃┃┃

①用稀释后的防水黑墨水勾勒轮廓，厚重材质可用较粗的线条，外部轮廓和内部结构、褶皱都要勾勒。

②调出服装的颜色，用方头排笔顺着服装的结构铺色，不要破坏和遮挡轮廓和结构线，褶皱的亮面留白，用笔的侧锋在墨线轮廓上覆盖一层固有色轮廓。

③笔触的长度和形状要与服装的造型一致。第一层颜色未干燥以前用更浓郁的颜色加深暗面，笔触与第一层颜色方向一致。暗面小面积用侧锋加深。

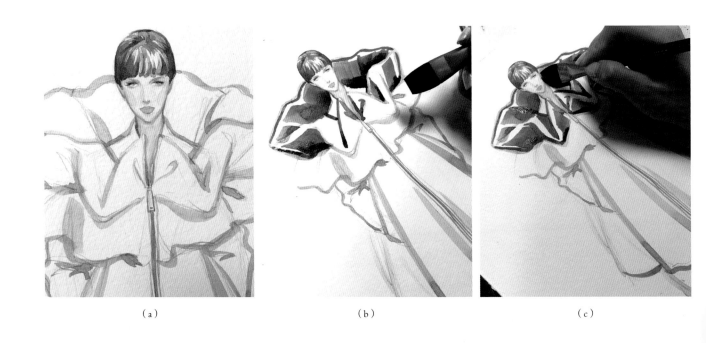

　　　（a）　　　　　　　　　　（b）　　　　　　　　　　（c）

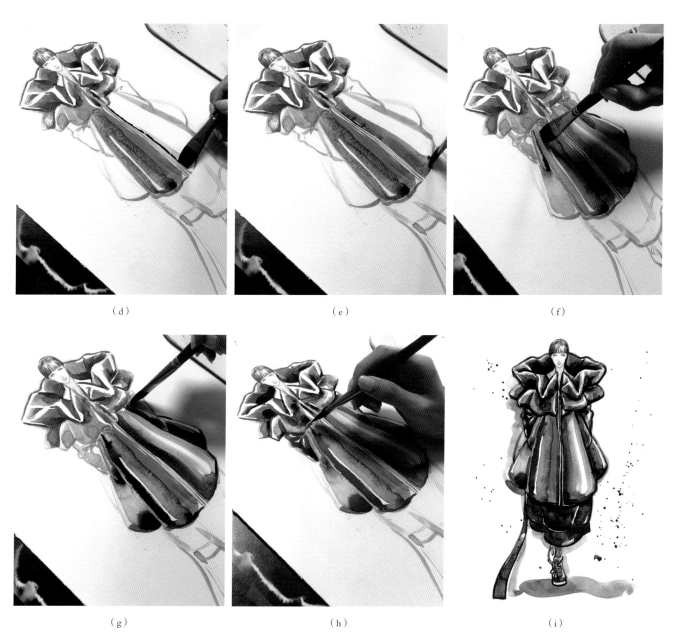

（d）
（e）
（f）
（g）
（h）
（i）

图4-4　维克多＆罗尔夫（Vicktor & Rolf）品牌2017秋冬高级定制

④用更浓郁的颜色加深结构转折与不同形体相接部分，使服装的立体感更强，结构更清晰。

三、柔软材质

不论是厚还是薄，柔软质地的服装面料都应该用柔和的外轮廓和明暗面来表现。生硬的线条和面的转折都会起相反的作用。

1.皮草

画皮草时，我们常用水彩干湿画法相结合的方式表现，也可以用彩色铅笔辅助完成。如果要用马克笔画皮草，则应该细心地用较轻的细笔触一笔笔连成片来表现整块的皮毛，并一层层加深表现出皮草的体积感。不论用哪种工具，都要注意用一根根的笔触表现皮草的外轮廓，笔触长度要符合皮毛的长度。另外笔触的方向要朝着不同的方向以表现皮草蓬松的感觉，用稍微弯曲的笔触来表现皮毛的柔软。

（1）短毛皮草

表现短毛皮草时要用短小的笔触来画外轮廓。用水将水彩纸面要画皮草的部分刷湿，注意要比皮草的轮廓稍大一圈，半干时整休刷上皮草受光面的颜色，不要把颜色涂到水的边缘部分，而是使颜色由中间向四周围自然扩散，出现毛茸茸的感觉，并趁湿用较深的颜色在暗面加深，使它自然过渡出明暗面。整体颜色干燥以后再用小的干笔触一点点刷出外轮廓的绒毛。湿画法帮助我们快速概括出皮毛的质感，并非画出每一根毛（图4-5）。

如果要表现豹纹皮草，则是用同样的方法画出底色及其暗面，未干燥之前画上花纹的颜色，注意花纹暗面也要趁湿加深，更有立体感，而且，大小不一、形状有细微差别的花纹更有自然而逼真的感觉（图4-6）。

图4-5　短毛皮草

图4-6　豹纹中短毛皮草

（2）中长毛皮草

中长毛皮草，经常被用于毛领、帽子饰边、袖口等局部。如果要表现整件的中长毛大衣，应该用稍夸张的外形表现出它的厚度。同样用水彩湿画法来表现，长毛的皮草比短毛的皮草有更强烈的体积感，应该将暗面和亮面颜色的深浅对比加强。颜色的明暗关系表现出来以后，等待它完全干燥，画好背景的颜色，再在背景色与外轮廓交接处以及皮草明暗面的转折部分用深色的干笔一笔笔勾出皮草的轮廓和质感，最后还要用高光墨水（白墨水）与皮草的颜色混合调出浅色（注意不是纯白色），用调出的浅色在外轮廓和明暗转折部分一笔笔勾出皮草的高光。注意不要忽略皮草大衣在内搭以及下装上面的阴影（图4-7）。

▌步骤 ||||

①在皮草大衣的整个区域用毛笔将画面刷湿润，水渍形状要比服装大出一圈。用调好的皮草固有色趁湿顺着皮毛的方向铺第一层颜色，这一层颜色是皮草亮面的颜色。

②用湿画法用更浓郁的颜色一层层地加深暗面。越加深笔里面所含的颜料越多，水越少。用干净的清水笔在皮草高光部分吸走一部分颜色呈现出大片的条状高光。

③处理皮草的外轮廓时，每一块转折的部分都用干燥的小笔在皮草暗面用颜色一笔笔扫出毛茸茸的质感，两块皮草相接的部分，用干燥的笔蘸取浅色的高光墨水在上面的一片皮草边缘一根根画出皮草的小高光以表现上下层次。

（3）鸟类羽毛

鸟类羽毛有着轻盈的线条、美丽的颜色和光泽感。羽毛被用在服饰品的历史很长，东西方都有很多先例，当今的设计师们也在沿用。鸟类羽毛作为装饰来制作时装时是从皮肤上剥落出来单独使用，一根根固定在其他的服装底料上，所以羽毛使用的疏密比较灵活，一般不会过于密集。

鸵鸟毛十分常见，有一些包含羽毛毛片，也有些只用绒毛部分。图4-8中这件阿玛尼（Armani）品牌礼服是在闪光面料上缀上了带毛片的鸵鸟毛，显得材质的层次十分丰富。可以先完成底布的表现，再用细毛笔一点点地画出羽毛，注意包括外轮廓在内的整个服装表面都需要画上羽毛。

表现没有毛片的羽毛外套（图4-9），有点类似于长毛裘皮，但是羽毛更加轻盈，所以外轮廓看不到太多竖起来的毛针，它们一根根非常顺滑地向下方飘动，在表现明暗面时也要顺着羽毛的方向画出质地。

（a）　　　　　　　　　　　　　　（b）　　　　　　　　　　　　　　（c）

（d）　　　　　　　　　　　　　　　　　　　　　　　（e）

图4-7　Dris Van Noten 2017/18 秋冬

（a）   （b）   （c）

图4-8　阿玛尼2015春夏高级定制

图4-9　阿玛尼2015秋冬高级定制外套（左二）

　　一些节日服装或者舞台服装会用到更夸张、更硬朗的羽毛，它们一般来自于动物的翅膀和尾部，这些羽毛有更华丽的表现力。我们用利落的长笔触来表现这些羽毛的弹性和韧性（图4-10）。

图4-10　身穿羽毛和珠饰表演服的蕾哈娜（Rihanna）

2. 丝绒

　　丝绒是一种柔软有光泽的流行面料，要表现出丝绒的光泽，就要保证亮面和暗面颜色的强烈明暗对比度，但是亮面并不是白色，而是与面料相统一的固有色，暗面则是极深的颜色。亮面面积并不大，主要在条带状高光部分，大部分是较深的暗面。暗面与亮面有着明显的分界，过渡并不柔和。

3. 流苏

　　流苏一般是柔软的线状材料，它的材质有很多种，粗细、厚薄、光泽度不等，织造较密的流苏像头发一样呈现柔软的片状或块状，织造稀松的流苏则能更清晰地看到一根根的纤维，随着人体的动作形状多用曲线（图4-11、图4-12）。和画头发一样，一般我们先成片地画出流苏的颜色和形状，然后再在边缘和底边的部分画出一些飘起来的纤维，要一束束表现，不是一根根去画。图4-11中的银色长流苏颜色较浅，我用深色背景去衬托它，其间用背景颜色勾上一些长笔触表现流苏的质感。注意立体空间中的流苏也有明暗体积，所以和表现其他面料一样，也要区分亮面和暗面的颜色，画高光和最深的暗面的时候可以一根根地表现出流苏的纤维。

图4-11　2016年维多利亚的秘密（Victoria's Secret）流苏披风

图4-12　左起三、四为2017年奥斯卡晚会红毯上的流苏礼服

四、硬朗材质

　　表现硬朗材质外轮廓较为方、直，明暗面分片明显，过渡较硬。

　　图4-13中表现的是一条金属色、压暗纹的涂层面料长裤，面料挺阔、硬朗、有光泽。在受光面随着人体的形态留出一道清晰的高光，褶皱的形态也要表现得方而硬朗，没有柔和的过渡。用大块颜色表现出人体和服装的体积感后，只在明暗交界处画出面料本身的暗纹，其余的被省略掉。

图4-13　硬朗的金属色压暗纹涂层面料

五、透明材质

表现透明感的服装材料，一般先完整画出有体积感的人体肤色或底层面料的颜色，建议按照由内到外的顺序来作画。

1.薄纱

一般薄纱都有自身的固有色，不会完全透明。深色薄纱比较好表现，一般只需要先画出完整人体，然后将薄纱的颜色用水稀释得比较透明，再对人体进行覆盖表现即可。有些薄纱颜色比人体要浅，那么我们需要画出人体裸露出来的肤色，再调出纱的颜色画人体以外的服装颜色，覆盖在人体上面的纱的颜色用纱的固有色和肤色相调和得到。

（1）浅色薄纱

图4-14中这款裸色薄纱礼服的颜色比皮肤颜色略浅，更偏沙色。用偏冷的深灰色背景衬托偏暖的肤色，可

图4-14 浅色薄纱的表现1

以在肤色中加一点点沙色来画覆盖在皮肤上薄纱的颜色。底摆部分的纱由于层叠层数较多，所以比较接近面料的固有色，局部会透出一些背景的颜色，就用背景色混合一点面料固有色来表现透明感。纱裙靠近腿部轮廓的部分要加深，衬托腿部的立体感，服装的袖口、领口、小围巾与肤色相接的部分都要用较深的肤色画出服装在人体上的阴影。纱裙的底摆部分的阴影颜色要比立面背景色更深，纱裙底边可以稍稍提亮一点以表现裙摆薄薄的边缘。图4-15中的纱裙表现也可以按照此方法进行绘制。

图4-15　浅色薄纱的表现2

纱裙的层数越多，它的颜色也越饱和，图4-16这条迪奥粉色纱裙上半身单层透出肤色，裙摆部分则是纯正的樱花粉色。由于层数较多有较强的体量感，裙子的上下两部分可以分开调色，用偏冷的深色画背景。头饰及裙子上的浅色花瓣提前用留白胶预留出来，待完成上色和擦除留白胶以后，再调一些浅粉色来画花瓣的暗面，也要用较深的玫瑰色为花瓣画上一点投影。最后，用贝壳碎片贴在一些花瓣的部位使画面更加精美（图4-17）。

图4-16　迪奥2017东京高级定制礼服1

图4-17　迪奥2017东京高级定制礼服2

（2）白色婚纱

西方的婚礼服多为白色，白色婚纱在同色纸张上表现时有时会画上深色背景色进行衬托。在面对复杂的背景颜色时，可以用一种统一的颜色去协调色调。层叠的裙摆部分并不怎么透明，因为底下有内衬面料，所以只是在边缘轮廓看到一点透明的外层罩纱（图4-18）。要表现白色服装的体积感，就不能用纯白色来表现服装整体，而是要调出较浅的浅灰色来表现暗面，高光部分可直接用白色提亮。

图 4-18 婚纱 1

　　调配白色服装暗面的颜色须用色干净，有一定的色彩倾向，不要用黑色或者灰色去调，而是用一个原色加它的对比色调出透明的灰色，如可用蓝色和褐色（或者朱红色）混合调出冷灰色，再加水或者白色使之变浅，成为白色服装暗面的亮灰色（图4-19）。

　　背景色也要有颜色倾向，但不能过于鲜艳，纯度不能过高，要掺入一点对比色降低纯度。头纱十分透明，透出背景色，可将背景色加水变浅后来表现头纱部分的颜色（图4-20）。

图4-19　婚纱2

▌步骤 | | | |

①先画出人物的皮肤和头发的颜色，然后画背景的颜色，顺便画出透明头纱的颜色，把白色衣裙留出来。

②趁湿加深背景衬托人物的衣裙，用硬物在湿润背景色上划出自然的肌理。

③用一系列亮灰的色阶表现白色衣裙的结构和体积。

④画面干燥以后，再用白色高光液掺入一点点背景色在衣裙边缘处勾几笔，表现纱裙的层次和外层比较透明的那一层，勾勒时线条要细、干燥而利落。用纯白色高光液在纱裙的白光部分提上几笔高光（因为有些纸张颜色发黄，不够白）。

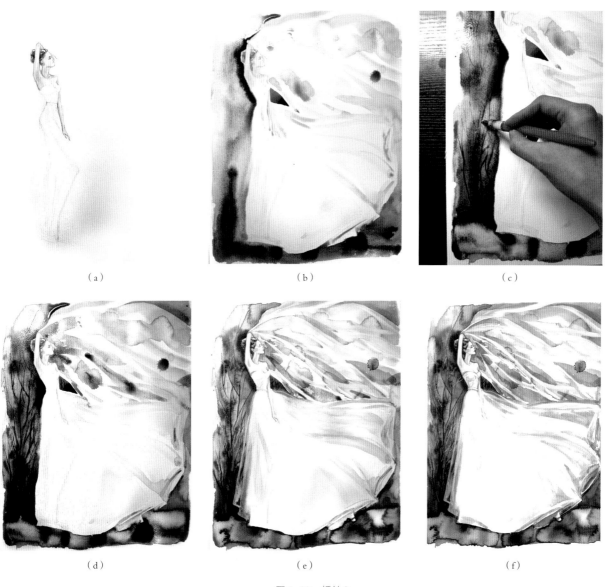

（a）　　　　　　　　　　（b）　　　　　　　　　　（c）

（d）　　　　　　　　　　（e）　　　　　　　　　　（f）

图4-20　婚纱3

　　图4-21这张横幅构图的婚纱为*VRAI*杂志的婚纱专刊绘制。为了说明不同长度婚礼头纱的不同用途，笔者用了略微偏暖的紫灰色调作为画面的主色调。白色婚纱暗面的颜色比背景要浅很多，但是它们的主导色（紫色）一致，这样能保持画面的协调。每一层头纱的边缘部分要用白色勾勒，并在边缘用深色画出头纱的阴影。表现头纱的褶皱时，用画面的背景色画暗面，用掺入高光液的亮色画褶皱亮面，突出它的立体感。

（a）

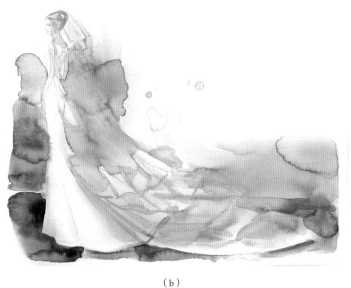

（b）

（c）

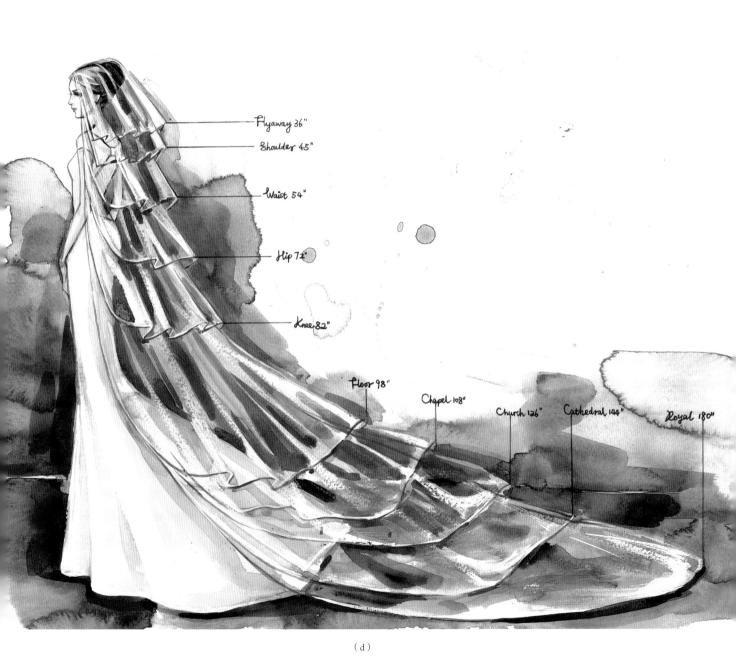

Flyaway 36"
Shoulder 45"
Waist 54"
Hip 72"
Knee 82"
Floor 98"
Chapel 108"
Church 126"
Cathedral 144"
Royal 180"

（d）

图4-21 紫色背景的不同长度头纱与婚纱

（3）深色薄纱

相对于浅色的薄纱，深色的薄纱面料反而更容易表现，我们只需要画出裸露和薄纱下面透出来部分的完整皮肤颜色，再往上覆盖纱的颜色即可。要注意透出皮肤部分的用色要多用水稀释，足够透明才能透出皮肤色，不可用过于饱和厚重的颜色去覆盖。

如果要像图4-22一样表现背景的颜色也应该先画出肤色和背景的颜色，画面干燥以后再画纱的颜色，底摆部分的黑色重叠很多层，不断地加深它，越是层数越多的地方，纱的颜色越浓郁饱和。图中的纱质下面有硬朗材质作为支撑造就了翅膀的造型，所以在背景干

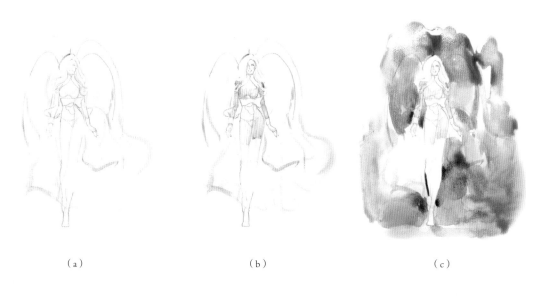

（a）　　　　　　　　　（b）　　　　　　　　　（c）

（d）　　　　　　　　　　　　　　　　（e）

（f）

图4-22　Taylor Hill 在2016维多利亚的秘密

图4-23　圣诞节主题插画

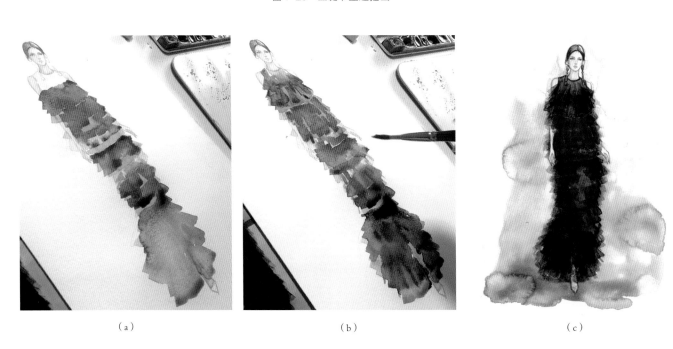

（a）　　　　　　　　　　　　　　　（b）　　　　　　　　　　　　　　　（c）

图4-24　夏帕瑞丽2017/18秋冬高级定制礼服

燥后勾出清晰的"翅膀"的轮廓。所有纱质部分完成以后，再用饱和的黑色画出腰带、袖口、长靴等不透明的部分。最后画出细节，用高光液画出高光，利用一点星光来增强质感和画面的氛围。

这幅圣诞节主题的时装画（图4-23）中表现的是一条圣诞树造型的红色纱裙，越靠近人体的部分薄纱层叠层数越多，颜色也越饱和，靠近服装外轮廓处则是非常透明的红色薄纱。

（4）多色薄纱

图4-24这款夏帕瑞丽长裙由渐变色的多层薄纱构成，我们由浅色到深色调出纱的颜色，然后再层层加深重叠来表现纱裙的层次。最后用纱裙的主色调进行稀释，再轻轻铺一层作为背景色。

2.蕾丝

画深色的蕾丝（图4-25）和绘制薄纱的步骤比较相似，先画出完整的皮肤和背景的颜色，画面干燥以后，再用稀释以后的纱的颜色画出蕾丝的透明纱质，一层层加深。注意，加深的时候要用笔触画出蕾丝的纹理，表现出明暗和体积感。由于画面中是黑色蕾丝，颜色比较单调，笔者选择用淡黄色的背景色使画面看起来色彩更活泼。

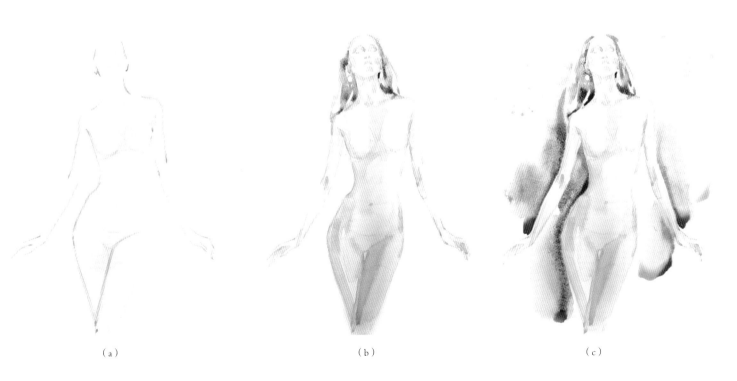

（a）　　　　　　　　　　　（b）　　　　　　　　　　　（c）

图4-25

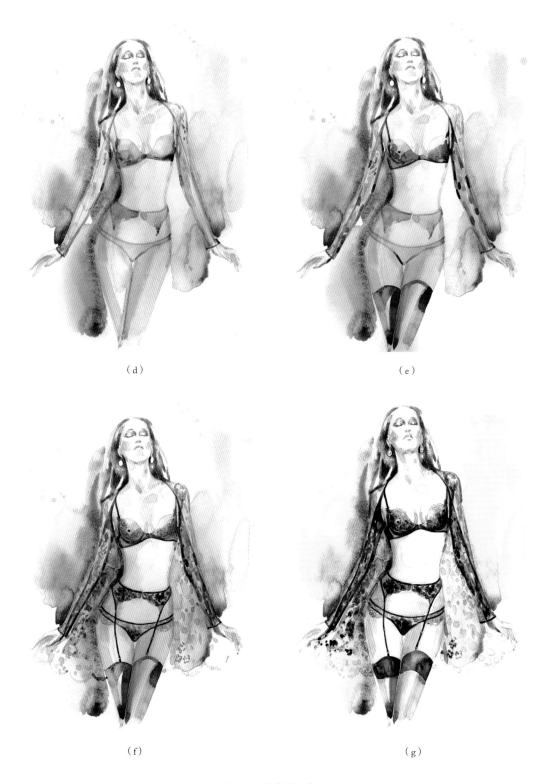

（d）

（e）

（f）

（g）

图4-25　黑色蕾丝内衣

3. TPU材料

TPU材质（图4-26）是一种透明的塑料，并非常规的服装面料，但近些年十分流行，常出现在服装及饰品中。它比薄纱更加透明，有着更强烈的光泽，更加硬朗。图中两件大衣是将TPU材料附着在其他的材质上面，我们可以先完整地画出底层面料的体积感和材质特点，并画出一部分的背景色，最后用干燥的白色高光液勾勒出外层TPU面料的轮廓和边缘，不要忘记要画出高光。由于TPU面料会有一些褶皱，高光应采用"Z"字形笔触来展现。

图4-26 卡尔文·克莱恩（Calvin Klein）2017/18秋冬成衣

六、亮光材质

多种服装材料具有光泽感，可以被理解为镜面反射，其光泽需要用强烈鲜明的高光和较深的暗面来结合表现。光泽感越强，高光的白色和暗面深色的明暗对比也越强烈。当光泽最强烈时材质的明暗面甚至有着黑与白一样的强烈反差，还会有明显的反光。

1. 皮革

皮革面料比较挺阔，有光滑质感。高光的形状也基本接近"Z"字形，高光区域很明显，外部轮廓比较硬朗，除去特殊造型和关键部位，其他部分的外轮廓多用直线。上色时可用半干的平头排刷画出笔触，按照由浅到深的顺序画出色块。绘制皮革面料时不需要调出过多色阶，除去高光的白色以外，面料固有色调出两三个明度不同的色阶即可。在明暗交界处用最深的固有色画出一块明显的暗面色块凸显高光。最后，用暗面的深色勾一下亮面部分的轮廓使视觉效果显得更光滑。（图4-27）

（a）   （b）

（c）

（d）

（e）

图4-27　杰里米·斯科特（Jeremy Scott）2017春夏成衣

　　不论用何种工具，如水彩或者马克笔，都要保持相同的作画步骤和明暗关系，遵循不同材质的特点和规律表现（图4-28、图4-29）。

图4-28　J. Mendel2017/18秋冬成衣水彩表现

图4-29　J. Mendel2017/18秋冬成衣马克笔表现

图4-30中用马克笔表现的是光泽度更高的漆皮材质。要表现黑色的皮革，我们需要选择一系列冷灰色到黑色之间不同深浅颜色的马克笔，大约两三支就够了，因为同一支笔通过不断地重叠颜色可以得到更多的层次。漆皮材质需要留出更亮的高光和反光区域，有些部分可用高光墨水来勾画。

2. 亮片

不同大小和光泽感的亮片，由于附着在立体的人体表面，它们会朝向不同的方向，相当于面料上有很多片小小的反光镜。亮片材质的服装和其他有光泽感材质服装的共同点是，亮片材质的亮面和暗面明暗反差极大；不

图4-30　皮革的表现

（a）　　　　　　　　　　　（b）　　　　　　　　　　　（c）

图4-31

（d）

（e）

同的是，它的高光并不光滑，而是由很多的小
亮点构成。

（1）密集亮片材质

　　川久保玲的这套男装外套和裤装都由布满
小亮片的面料制作而成（图4-31）。我们先表
现出服装亮面和暗面的完整明暗关系，亮面很
浅，暗面的深绿色和紫色要够深，整体的光泽
感表现出来以后，再分别调出亮面、中间调和
暗面各个部分的亮片色，用饱和的颜料一颗颗
点上去，近看会有很多细腻的亮片点。值得注
意的是，亮面的亮片除了很亮的点，也要有几
颗稀疏的深色，这些亮面的深色亮片是因为受
到反射光的影响，在暗面同样要有一点点浅色
亮片（图4-32）。

（f）

图4-31　川久保玲2018春夏男装系列

图4-32

（2）亮片绣图案面料

如果要表现像图4-33中那样绣得不太密集的亮片礼服，应先画出底布的明暗体积，然后等画面干燥以后，按照亮片绣图案的布局和规律点上小亮片。适当的时候可以像图中一样省略一部分亮面的颜色，使画面更加透气和轻松（图4-33～图4-35）。必要的时候，可以结合亮粉、云母片和指甲油等辅助材料来加强画面的质感，如图4-36中的礼服上就用到了金色、银色的颜料和指甲油。

图4-33　祖海・慕拉
（Zuhair Murad）品牌礼服1

图4-34 祖海·慕拉品牌礼服2

图4-35　阿玛尼2017春夏高级定制

图 4-36 玛切萨（Marchesa）2017春夏成衣

（3）大亮片材质

有些服装面料上手工刺绣了大而立体的金属亮片，可以在完成底布的上色以后，用接近亮片大小的笔触来点出亮片，颜色可以厚重一点，要耐心地为这些亮片画上深色的阴影来凸显它们的立体感和光泽度，轮廓部分也要体现它们凸凹不平的表面质感。除了画上暗面的深色，还可以在人物受光照的一侧画出深色的背景来衬托亮面亮片的光泽感（图4-37）。

图4-37 大亮片材质的画法

3. 金属光泽面料

有一些面料表面拥有金属的光泽，它们的反射光会比普通的缎面面料更为强烈，暗面接近黑色。如果要表现金色的面料，可以直接用金色颜料作为面料的固有色，它的灰面和暗面的反光处可以加入一些暖棕色，最深的暗面则用金色和最深的棕色甚至是黑色混合，亮面也要用金色和高光液相混合，高光处直接用白色。色块的明暗关系完成以后，要用暗面最深的颜色稍微勾勒一下服装的轮廓线，使它更加突出（图4-38）。

如果换作表现银色的面料，也可以用相同的方法，用银色颜料作为调色媒介和面料的固有色，暗面用银色加偏冷的深色来加深。只有保证亮面和暗面的强烈对比，才能体现出金属色的强烈光泽感。

图4-38　郭培2017／18秋冬高级定制金色礼服

七、立体浮雕效果材质

1. 立体刺绣

（1）丝线绣

丝线绣是一种古老而经典的装饰手法，手工或者计算机都可以完成。刺绣时用大量的丝线填满图案，有些甚至堆积起来，有饱和的颜色、丝线的光泽和浮雕般的立体效果。对于这些刺绣图案的表现，我们除了要画出它们的形状、位置和颜色外，也要表现它们的立体感。在画刺绣图案时每一种颜色要分亮面、暗面，还要为它们加上阴影的效果。为这些刺绣图案加上一点点高光能够使它们更有光泽感（图4-39、图4-40）。

图4-39　Lady Gaga在第58届（2016年）格莱美颁奖典礼

图4-40　Alberta Ferretti 2015/16秋冬高级定制

（2）珠绣

珠绣也能用手工或者机器绣在面料上组成图案，它们比丝线绣具有更强的立体感和质感。表现比较大颗的珠绣时，应该把珠子的球体结构一颗颗画出来，越是离观众近的珠子，要画得越清晰。除此之外，还要牢记它们附着在立体表面，所以每一颗珠子受光的角度不同，有些珠子整体处于暗面，它们的整体色调都要暗一些，而亮面的珠子整体都比较亮，这个理论和表现亮片的原理比较相近（图4-41~图4-43）。

图4-41　Alberta Ferretti 2017春夏高级定制

图4-42　Alberta Ferretti 2017春夏高级定制局部

图4-43　Alberta Ferretti 2017春夏高级定制绘制过程

（3）立体装饰

有些设计师为了使作品更加华美，还会将一些逼真或者更有立体效果的材料手工缝制到服装面料上，使服装更加精美而充满艺术性。越是面对复杂的表现对象，我们的思路越要清晰，不能被对象大量的细节变化所难倒，而是用最简单、概括的色块去表现它的整体效果。

图4-44中这条香奈儿（Chanel）的裙装布满了大量的手工立体花，但是它的质感十分轻盈。如果我们想要面面俱到地去表现清楚每一个花瓣，刻画它们的准确轮廓，结果很可能适得其反，使画面显得僵硬。相反，化繁为简地表现烦琐的对象可能是更好的选择。

图4-44　香奈儿2015春夏高级定制

2. 立体编织

图4-45中表现的是华伦天奴（Valentino）的一条金属网状编织礼服。为了使金属网更为立体，在画轮廓的时候耐心地勾勒出每一片叶子与每一条编织条带，画出底层衬裙的颜色后，切记为金属编织网加深阴影突出立体感，也使金属色显得更为突出和有光彩。

八、服装图案

有一些服装的材质并不十分特别，但有个性化的图案设计。要表现这一类型的服装，我们可以有两种处理方法。一种是完整而清晰地画出图案的色彩、纹理和形状；另一种是用湿画法，大致表现出图案的色彩变化，省略较多的细节变化。

图4-45　华伦天奴2015/16秋冬高级定制金属色编织网礼服

1.清晰图案

完整表现出来的图案可被理解为清晰图案。如果所表现的服装中，图案是设计重点，同时又是整个画面的重点，那么我们需要比较清晰、细致地描绘出图案的基本结构、色彩搭配以及服装的空间和体积。

（1）抽象图案

抽象图案包含了条纹、格纹、波点、几何形状、文字等元素。图4-46中是格纹衬衫长裙搭配鳄鱼皮夹克。该格纹所用到的几种不同颜色，可以按照由浅到深、由大面积到小面积的顺序表现。其中，深色格纹上有白色的细格纹，我们预先用留白胶画出来。横向格纹线条的形状是一些曲线，体现出伞状的裙形和每一个裙摆褶皱的立体效果，纵向格纹则是发散形的直线，身体两侧的部分会距离更近，正对着观众的格子则比较大而疏。为格纹上色时，每一种颜色要有明暗变化。

（a）　　　　　　　　　（b）　　　　　　　　　（c）

图4-46

（d）   （e）   （f）

图4-46　Jean Paul Gaultier 2016/17秋冬

（g）

图4-47中出现了几何形状和一些文字图案，可用干画法分别调出所有要用到的颜色，一块块地上色，每种颜色干燥以后再上其他颜色，使它们保留清晰的轮廓，有一些过于细小的白色文字最后用白色高光墨水覆盖在深色底色上。

图4-47　Moschino "Fresh" 系列

（2）具象图案

描绘十分复杂的图案，需要在上色之前先勾勒出图案轮廓。在勾勒的时候注意表现服装的体积，把握图案的近大远小、近疏远密原理，正对观众部分的花朵更大，而裙摆褶皱中间以及人体两侧面的图案较紧密，花朵显得比较小。身体两侧部分的图案可以适当作一些简化和省略（图4-48）。

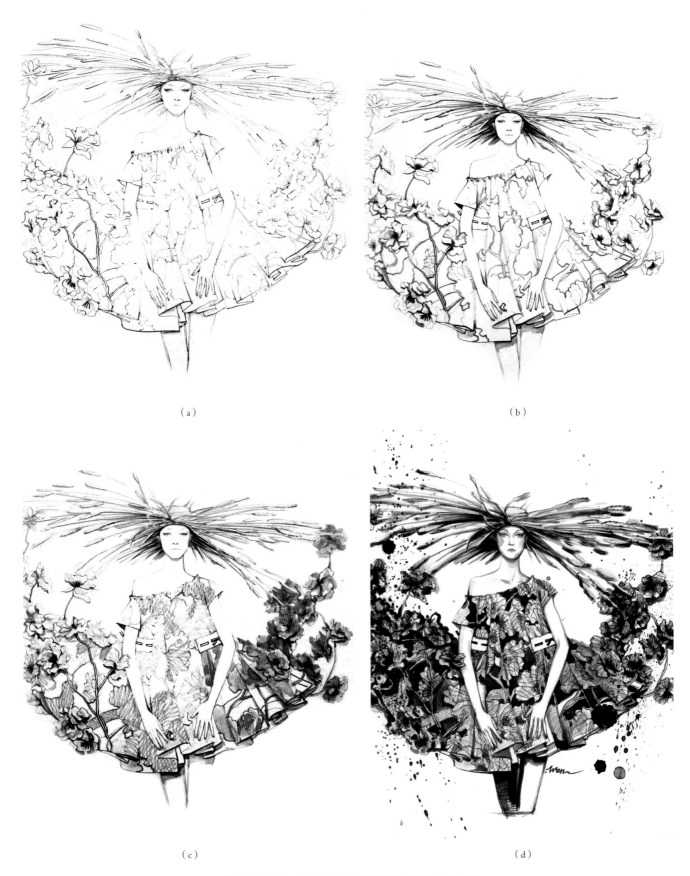

（a）

（b）

（c）

（d）

图4-48　Viktor & Rolf 2015春夏高级时装梵高女孩系列

有些图案中的色彩和明暗对比很鲜明、很强烈，可以人为地进行一些弱化，使平面图案当中的色彩对比不超过人物和画面主体的对比度（图4-49）。有些服装当中的图案还有一些材质变化，图4-50这件露背连衣裙上的植物图案就有华美的金属光泽，也要用不同深浅的金色和银色体现出来。另外还可以运用金属粉末附着在图案上，使它更加立体。

图4-49　Dolce & Gabbana 2015/16秋冬高级定制

2. 模糊图案

如果我们要表现的素材中有图案元素，但是这些图案过于小而密集，或者它们并非画面中的主体，而是配角的角色，那么我们将它们进行模糊处理，弱化后表现出来。

图4-51中的披风主要是为了衬托她身上硬朗的黑色镂空蝴蝶翅膀的装饰，并与之形成硬和软、实与虚的对比，因此用湿画法晕染出柔和的蓝绿色图案，使披风显得十分轻盈。

渐变色彩也是一种模糊的图案，需要用湿画法将渐变的整个底色润湿，然后调出色阶，由浅到深地进行上色。最后把需要强调的部分用干笔提出来（图4-52）。

图4-50　Roberto Cavalli 2016早春

图4-51　吉吉·哈迪德（Gigi Hadid）在2015维多利亚的秘密秀场

图4-52　Ralph & Russo 2017/18秋冬高级定制

图4-53这条长礼服裙上衣有着
小巧的装饰，裙摆是十分密集的图
案，采用模糊的色块和笔触加以概
括，以表现出从远处观看的效果。

图4-53 高级定制礼服

第二节　服装配饰表现

一、皮具

1. 皮革

　　图4-54中表现的是一个银色蛇纹皮革手袋。我们要表现出银色皮质的强烈反光和极深的暗面（手袋侧面），然后再用银灰色在暗面勾勒一部分纹路，整个手袋的灰色调部分都用银色颜料调和而成。它的提手和包链则是硬朗的银色的金属，要准确勾勒出它的方向和造型，上色时省略一些过于微妙的细节，用深色勾勒造型，使它看上去十分硬朗，要保证每一节链子和每一个叶片造型上都有深灰乃至黑色的暗面，使之有强烈的金属光泽感。

图4-54　Ralph & Russo 手袋

2. 金属

服装配饰设计中，金属是一种十分常
用的辅助材料，除了在手袋的五金部分常
用外，也被制作成扣子、铆钉等小配件作
为装饰，在化妆品外壳中也十分常见。

绘制金属铆钉时用深色把它们的锥体
或者金字塔造型勾勒清楚，然后画出鲜明
的分面，暗面为深棕色或深灰色，亮面的
颜色除了白色高光以外，画出一点金色或
者银色的过渡色（图4-55）。

图4-55　Christian Louboutin 金色铆钉高跟鞋

图4-56 YSL的星辰系列化妆品包装有着闪闪的金属质感，可以按照普通的光滑质感画
好以后再用深浅不同的白色、金色、棕色慢慢点出闪光质感（和画亮片质感相似），最后
再用金色和银色闪粉加以点缀。

图4-56　YSL星辰系列化妆品

3. 其他材质

除上述部分以外，服装中所用到的丝绒、人造宝石、人造水晶、缎面面料、皮草、网纱等材质也会被运用在服装配饰中（图4-57、图4-58）。表现配饰时可以参照图4-59的步骤那样先画出大面积的底色，并为上面的小装饰品画出阴影使它们立体起来，最后再成批画上面的小面积颜色。

图4-57 手袋

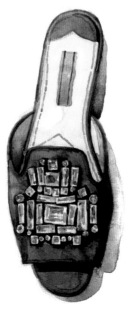

图4-58 普拉达（Prada）水钻拖鞋

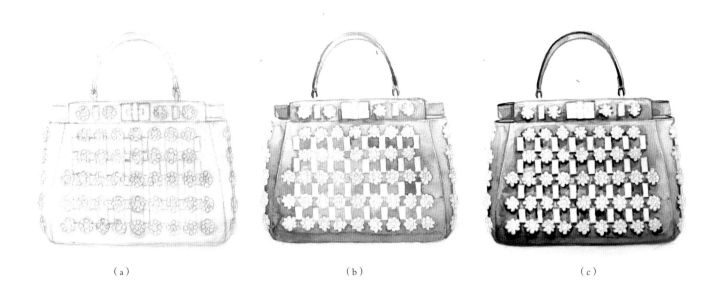

（a）　　　　　　　　　　（b）　　　　　　　　　　（c）

（d）

（e）

图4-59　Fendi手袋

二、珠宝首饰

1. 金属

可以根据表现对象选择不同冷暖的金色颜料，金色水彩颜料适合表现较浅、较柔和的金色，金色丙烯颜料和丙烯墨水会有一定的厚度，用深色轮廓会使金属首饰更闪耀。图4-60运用了樱花金色水彩颜料，图4-61运用了马丁博士金色丙烯墨水绘制金色配饰。

图4-60　碧昂丝（Beyonce）在第59届（2017年）格莱美奖颁奖典礼

图4-61　《玛戈皇后》剧照

2. 宝石

宝石质地坚硬，色彩丰富，有光泽和透明感。我们需要用高雅、纯净的颜色去画那些珍宝，避免用生硬的颜色使表现对象显得劣质廉价。这要求我们在选择马克笔的颜色或者用颜料调色时须精心地体会色彩之美，这对所选画材的品质也有一定的要求，有些高品质的颜色色料本身就来源于珍贵的矿石，它们有天然、美丽的颜色。同时我们很少直接把颜料盒中的颜色直接上色，而是把相近的颜色进行混合后调出有微妙变化的颜色作为珠宝的固有色。例如，在绯红里掺入一点点洋红或镉红画红宝石，或者用松石蓝、五月绿或钛青绿等颜色混合出祖母绿宝石的颜色；蓝色的宝石也是一样，图4-62就是由多色调配出的蓝色宝石色彩。另外，还可以用丹尼尔·史密斯（Daniel Smith）的珠光矿物水彩颜料绘制宝石（图4-63）。

要把宝石画得透明而闪耀就必须保证暗面够深，高光够亮，还要有颜色很鲜艳又基本是固有色的反光区域，高光和暗面之间也是宝石的固有色。用冷灰色阶表现无色的钻石，适当在暗部加一点点环境色反光切面。

如果是光滑无切面的宝石，则当作透明彩色玻璃球来表现，可以在画好固有色半干状态加深暗面使之有一点点晕染（图4-64、图4-65）。画切面宝石需要用干画法，依然先从固有色开始在宝石上摆笔触，不必完全填满，可以有一些空白，干燥以后再调出暗面颜色，笔触的方向和形状与切面相一致。例如常见的切面有圆形钻石形，是从中心向四周发散状的切面，而方形宝石则是方块切面，还有泪滴形、杏仁形的切面，需要用暗面的笔触体现出来（图4-66～图4-68）。

图4-62　宝石质感表现1　　图4-63　宝石质感表现2　　图4-64　宝石质感表现3　　图4-65　宝石质感表现4

图4-66 宝石质感表现5　　　　图4-67 宝石质感表现6　　　　图4-68 宝石质感表现7

3. 珍珠

　　表现珍珠的材质可以用厚厚的银白色和白色颜料作为媒介和其他颜色混合，使颜色比较有厚度，这样能画出珍珠柔和、温润的光泽。它的暗部并不十分深，可用群青加一点点棕褐色掺入银色来画白色珍珠的暗部，并在暗部留出明显的反光区域，整个受光面都是柔和的浅银灰色（图4-69、图4-70）。如果要表现金色的珍珠则可以在整个色阶中掺入一些金黄色，粉红色珍珠则可以加入一点玫瑰红。

图4-69 珍珠的表现1　　　　　　　　　　图4-70 珍珠的表现2

第五章 | 时装画风格创意

C H A P T E R

在前文内容的基础上，这部分我们将站在更整体的角度，分析时装画创作时需要注意的一些处理画面的技巧。除去前文所谈到的基础内容，我们不得不以创作者的身份，更全面地去思考和安排画面，并将个人风格融入其中，使我们所表现的内容能成为完整的艺术作品。

第一节 构图

一、几何形构图

几何形构图是单人时装画中最为常见的构图形式，将矩形画面进行几何形的分割，再填充元素，使画面结构严谨而有序。绘制半身或全身人物时，将矩形、三角形结合在一起，使画面既稳定，又不过分刻板（图5-1）。

二、多人组合构图

在表现产品系列时经常需要用到多人组合的构图，即使是同一场发布会中的产品，也有很多的小系列和多种元素，它们并不一定能够协调地被组织成一张画。我们所要表现的数量是有限的，可以在同一场秀中挑选一些色彩协调而元素又相互关联的服装搭配在一起，用一些小草稿来试验他们在画面上的最佳动态和位置关系（图5-2）。即使创作素材多是单张的秀场图片，也可以从其他素材中选出合适的动态，并表现出这些人物之间的关联与交流，安排他们站立的聚散关系，并使他们彼此重叠，这样画面看起来更加和谐。

图 5-1　华伦天奴 2014/15 秋冬高级定制

图 5-2　Lanvin 设计师阿尔伯·艾尔巴茨（Alber Elbaz）和他的 2015 秋冬系列

第二节　色调

画面的色调会受到不同的品牌定位、产品风格、流行趋势和作画者自身的习惯等诸多因素的影响。一般根据其带给人的视觉感受可分为单纯、柔和、强烈等几种色调。

一、单纯色调

用色简约、纯粹的色调被称作单纯色调。这种色调的时装画能带来明确的流行色指向或品牌常用色的信息，图 5-3 中所用的橘色即是 2017 年阿玛尼高级定制系列的标志性颜色。

图5-3　阿玛尼2017春夏高级定制

二、柔和色调

有些时尚产品的风格十分柔和，适合用柔和的色调表现。建议表现此类产品时，可减少画面中的颜色数量，降低色彩对比度，提高画面色彩的明度，并用小面积的深色阴影使画面清晰（图5-4）。

三、强烈色调

色彩对比强烈、用色较多、明暗变化跨度较大的色调往往会带来浓墨重彩的效果。有些时尚产品风情万种，甚至还有几分奇幻色彩，只有强烈的色调才能表现出其风格。建议用最鲜艳的色彩，甚至是荧光色去加强颜色的性格和色相对比（图5-5）。

图5-4　詹巴迪斯塔·瓦利2014/15秋冬高级定制系列

图5-5 古琦2016/17早秋系列

第三节 技法

一、速写法

在表现时装秀场和秀场后台，用速写法进行插画创作是既实用又具有表现力的。因为这一方法要求作者有快速观察、概括表现对象的能力，与长时间精雕细琢完成的画面相比，它或许并不那么准确，却有着更加生动而酣畅淋漓的画面效果。图5-6这张达芙妮·吉尼斯（Daphne Guinness）肖像中运用的线条不多，主要

图5-6 达芙妮·吉尼斯肖像

在五官、手臂、珠宝首饰部分，同样运用硬笔（蘸取棕色墨水的蘸水笔尖）完成，清晰的线条十分快速地勾勒出了形体和细节。

二、省略法

省略法在时装插画创作中十分常用，这是一种高度概括的表现手法，我们省略一部分的轮廓和色块使画面更具"大师风范"，这对作画者的创作经验是一种极大的考验。当然，省略也是有技巧的，通常会省略的是亮面的轮廓和色块以及一些不必要的细节，表现画面中最深的部分，着重刻画画面中最精彩、最易出效果的部分（图5-7）。

图5-7 省略法女子肖像

三、虚实法

　　一般来说，在表现有背景的着装人体时，为了突出画面的主体，我们将人物表现得清晰、紧实，人为地将背景处理得松散、抽象，简化背景中出现的多余的颜色，虚化背景中的形体，降低背景的色彩和明度对比，使背景显得十分柔和、简化（图5-8）。

图5-8　阿玛尼2015秋冬高级时装

四、色块法

有些画面中的线条、形体的轮廓线并不十分突出，不同颜色、明度、肌理，不同面积大小和形状的色块可以组成非常完整的画面，我们称之为色块法。在这种技法中，颜色的选择、分布的位置都很重要，当然也不乏有些颜色是我们在作画过程中即兴运用上去的。

在用水彩的色块法上色的时候，一定要注意步骤和顺序，这也几乎是所有水彩时装画的上色顺序——从大面积到小面积，从高明度色到低明度色，从低纯度色到高纯度色（图5-9）。

图5-9是由红色、浅蓝色、黑色和银色等主色块组合而成，其间有头发的橘色和背景中小面积的绿色作为点缀，可按照肤色、银色、蓝色、黑色、红色，最后点缀色的顺序来作画。每一块色块的体积感、质感和细节也不可忽略。

　　　（a）　　　　　　　　　　　（b）　　　　　　　　　　　（c）

　　　（d）　　　　　　　　　　　（e）　　　　　　　　　　　（f）

（g）

图5-9　2016戛纳电影节

五、层叠法

图5-10用防水墨水画出画面的深浅变化，干燥后再用水彩墨水、金属色颜料往上叠加颜色，利用不同作画材料的防水、透明等特性进行多层组合，称之为层叠法。

图5-10　层叠法画法

第四节　灵感素材

时装画风格多样、取材广泛，只要是与时尚生活有关的一切都能被纳入时装画的表现当中。有些作品展示完整的时尚场景，有些突出精致的时装细节，还有些快速表现了精彩的时尚瞬间。

一、灵感主题

丰富的灵感使时装画呈现出多样化的主题，使观众感同身受地体会时装画家在创作时所要表达的时尚体验。图5-11用水彩绘制鸢尾花作为抽象化的背景，突出该系列产品的"鸢尾花"灵感主题。

图5-11　鸢尾花灵感主题时装画

FASHION
PAINTING
TECHNIQUES

时装画手绘表现技法：
人体动态·材质表现·风格创意

160

二、素材处理

　　面对灵感素材时尽量不要完全照搬，只是借鉴它进行重新创作，根据画面的需要组合人物、时尚产品和画面构图。图5-12根据Zuhair Murad的时尚大片创作，模糊处理了画面的背景，并修饰了模特的体态。

图5-12　Zuhair Murad 2017早春成衣

三、综合表现

在表现主题性的时装插画时，需要做大量的前期准备工作，将作画者的生活体验融入到画面中。

如图5-13，在表现节日主题时，结合Moschino品牌的一些图片素材、产品图片和产品的设计灵感组织画面，将那些最能使人们联想到这个主题的元素进行融合，从造型、色彩等多个方面来突出主题。

图5-13 Moschino节日主题时装画

后记

　　这本书是我在时装画领域的第一本个人著作，也是对自己近几年时尚插画创作工作的一点记录和总结。我最想通过这本书传达给读者的，并非时装画的作画技巧，而是在时装画的学习、研究和创作过程中所获得的独一无二的体验。所以在呈现自己作品的同时，特地邀请到了来自意大利、荷兰、泰国、越南和智利等世界各国颇具代表性的同行时装插画师们分享他们的创作经历和理念，希望通过他们截然不同的风格给读者带来更多启发。

　　对于这本书能够顺利出版，我想感谢中国纺织出版社已经离职的编辑杨美艳老师，如果没有她几年来的鼓励与督促，这本书也许会更晚面世。还有中国纺织出版社辛勤工作的编辑老师、书籍设计师和其他工作人员们，他们的努力使这本书从内容到设计更加完善。

　　感谢湖北美术学院的前辈、领导和同事们，他们的认可与关照为我提供了良好的创作条件和强有力的支持。

　　我要感谢几年来支持过我的商家、品牌、媒体朋友和时装画爱好者们，是他们的信任与肯定带给我更多的创作激情和坚持下去的动力。

　　我的恩师肖文陵教授一直是影响我最深的良师益友。在懵懂的中小学时代，我有幸得到他的时装画著作和影像出版物作为礼物，从那时起，就在我心里藏下了向往从事时装和艺术事业的种子，也使我很早就树立起报考清华大学美术学院并选择服装设计专业的目标，能成为他的学生是我人生一大幸事。时至今日，他的才华、人品和人格魅力一直滋养我的成长，他的教导与帮扶照亮了我前行的道路。

　　最后，我由衷感谢我的家人和朋友们，他们不计回报的关怀和无条件的支持使我能够安心创作，而且未曾感到孤独。

Shinn Wen

注：本书封面是作者为影儿时尚集团二十周年庆典活动创作的宣传海报，版权归属影儿时尚集团。
　　书中图片除部分已标注姓名的作品，其他均为本书作者温馨（Shinn Wen）所作。
　　因篇幅原因，更多内容将于作者的下一本书出版。